年轻建筑师的职场必修课

NEW
ARCHITECT'S
TEXTBOOK

建筑师入行
教科书

〔日〕饭冢丰 著

颜文波 张美琴 译

辽宁科学技术出版社

·沈阳·

自序

拿起这本书的你大概都做着与设计相关的工作吧，面对每一天的工作，不知道你是否也曾感到不安呢。

比如……

我会有被称为建筑家的那一天吗？

每天都在应对客户的要求，这就够了吗？

周围的人都很优秀，平庸的我会不会被无视？

诸如以上情形。

3

你如果感到不安也理所当然，因为绝大多数人都没有系统地学习过如何成为一名真正的建筑设计师。不巧的是，以培养优秀建筑师为目标的大学不会传授太多实践性的经验。另外，现在很多企业认为"设计是偷学而来的，需要自己琢磨"。所以你也不要指望进入职场后企业能手把手教你多少东西。这样一来，焦虑更是无处不在，挥之不去了。

本书就是为有着不安和焦虑情绪的各位而写的大众教科书，讲解如何靠设计吃饭，如何自力更生，如何成为独当一面的建筑师。

"建筑师必备的知识"，上专业学校就能习得。但是"作为建筑师，如何靠设计吃饭的学问"，目前市面上还没有一本教科书传授相关经验，所以无从学起。专业设计师往往在实践中投入了大量的时间才积累了一些经验。而且建筑设计被赋予了较强的社会责任，建筑师有必要自我提升，努力学习。但是利用过去盛行的根性论[1]故意阻碍年轻建筑师的成长非常荒谬。如果年轻建筑师领悟了"自食其力的方法"，短时间内迅速掌握了知识，就能在当下的职场中越发活跃起来。我认为系统的员工培训，对事务所也非常有益。

本书的初衷是希望年轻建筑师们只要看了本书就不必担心有解决不了的问题。本书涵盖全部设计要点，从事无巨细的思考到日常实践指导，以小型住宅为参考案例。选择小型住宅进行仔细分析，实际上是在简单的流程中掌握必备基础知识的过程，无所谓你所属的事务所承接到的建筑是什么种类，所有实践都会用上本书中的知识。

另外，书中所述内容都非常具体，以至于明天你就可以应用一下待办事项清单和确认清单。

书中不仅讲解了规划的方法，还讲解了日常工作方法，调研、沟通、设计、汇报、监理的具体方法，不在一流事务所工作绝对学习不到这些工作技巧。只要你读完这本书，就能掌握提升设计水平的秘诀。

　　本书内容针对性强，大约一周可以阅完。读完就能提前掌握未来 2 ～ 3 年工作实践中积累的知识，考虑以后自己成立事务所的年轻设计师也可以着手规划。本书如果作为新人培训及进修的辅导书，能节省大量时间和人力，所以我非常推荐设计事务所和施工公司好好利用这本书。

　　我曾于新陈代谢派巨匠大高正人先生的事务所工作，参与及设计了多个城市规划和公共建筑设计项目，由此积累了丰富且宝贵的经验。我成立个人设计事务所后，10 年内设计了 50 多栋木造住宅，掌握了很多独立设计的经验。在法政大学构造工法工作室担任讲师期间我给大学二年级学生做短期手绘指导，经过 10 次左右的课程，学生就能画出不输给在职建筑师的图纸。我还撰写了建筑设计畅销书《住宅设计解剖书 2》[2]。我将多年积累的全部经验、所有"设计术"集结成了这本书。

　　读者朋友，如果你读了这本书，成功地实现了从"上班族建筑师"到"专业建筑师"的蜕变，本着为客户着想、为社会添砖加瓦的初衷积极活跃于建筑界，这对作为本书作者的我来说，是何等荣幸至极的事。

饭冢丰
2017 年

译注：
1.根性论是指精神力量如果足够强大就能实现任何事情。
2.《住宅设计解剖书 2》的日本版书名为《間取りの方程式》(意为户型方程式)，中文简体版书名为《住宅设计解剖书 2》。

目录

Staff Work

上篇 员工工作篇

重点讲解
一流建筑师每日都在执行的"习惯"。
事务所的工作方法，沟通和事前调研的方法等。
在设计事务所工作必须掌握的"基础知识"。

PART 1

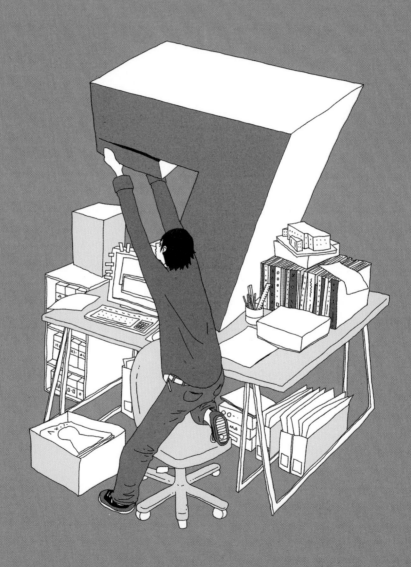

CHAPTER *1*

第 1 章
人人都能养成的
七大习惯

本章详细介绍建筑师必须养成的"习惯",
这是成为能独当一面的建筑师的基础知识。
专业建筑师必备的能力有哪些?怎样才能熟练掌握?

1. "收集以往案例" 积累知识

⁝ 比起天生审美，你更需要" 知识"

　　大家对自己的"审美能力"有自信吗？无论是否从事设计工作，绝大多数人被问到这个问题都会回答"没什么自信"。

　　没关系，大可不必担心。在建筑设计领域，设计师不可或缺的"美的意识"都能用"知识"弥补。

　　建筑设计有技术和艺术两个层面。技术层面，可以参看建筑师考试中"工科专业知识"。艺术层面，"以往案例的知识"则可以起到作用。如果你能从以往优秀建筑案例中汲取解决的方案并加以灵活运用的话，那么即使你不具备"天生的审美能力"，也不会有问题。甚至大家认为和审美紧密相关的比例感和色彩感，也可以从以往案例获取，弥补审美的不足。

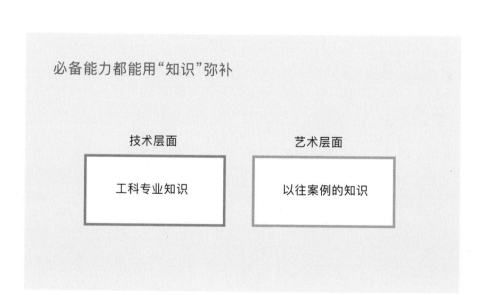

必备能力都能用"知识"弥补

技术层面	艺术层面
工科专业知识	以往案例的知识

解答所有课题的以往案例

"如何打造和周边风景和街道景观融合的优美外观?

"如何利用有限的面积营造宽敞的感觉?

"如何在严格遵循法律法规的前提下将劣势转为优势并加以利用?

"如何在有限的预算成本内实现所有设计计划?"

在设计事务所的工作中你会频繁遇到以上问题,"以往案例的知识"能帮你解决这些课题。

"是谁的什么项目解决了这个问题","我们事务所一直以来秉承的理念广泛得到客户的好评",掌握的过去案例越多,越有助于你在设计的各个环节做出正确的判断。

在设计事务所工作最需要做的
事情是积累知识

⋮ 优秀的建筑家都是以往案例的狂热爱好者

"话虽如此,我还是觉得有名的建筑家们都是凭感觉做设计",很多人会有这样的质疑。我可以负责地告诉你这是误解。

毫不夸张地说,成名的建筑家都是以往案例的狂热爱好者。头脑中积累了大量的视觉形象,遇到问题时能从中提取些许案例,并由此设计出自己的作品。绝不是只凭感觉想象。

看看大家熟知的建筑师安藤忠雄吧。他游历世界各地,接触到许许多多古典建筑及闻名于世的建筑作品。又深入地研究了奥古斯特·贝瑞 (Auguste Perret)、柯布西耶 (Corbusier)、高桥靗一、铃木恂等前辈的混凝土建筑。牢牢掌握了许多以往的案例后才创造出了丰富的混凝土表现。

⋮ 整理以往案例的顺序

说到这里想必你已经稍微认识到了以往案例的重要性,以往案例既包含有名的古典建筑,又包括你所在事务所过去设计的建筑等各种各样的案例。多数人会感到很迷茫,到底该收集什么样的案例,又该如何整理呢?

为了解开大家的困惑,我下面将介绍整理以往案例的顺序和要点。如果带着目的整理,很快你就能在设计中活用整理好的案例。

优秀的建筑家都是以往案例的狂热爱好者

1
"你所在事务所"的建筑
充分理解事务所设计的建筑，图纸和照片也容易获取。这些都是基础资料，所以无论如何务必收集你所在事务所过去设计的建筑，按项目的功能、规模、课题等整理好。

2
作为"标准答案"的建筑
公共建筑，要选择附近的市政建筑；住宅，最好连住宅制造商也调查清楚。参考同等规模和功能相似的"标准答案"，立刻就能整理出合理的面积分配和功能规划等。

3
"地域性"建筑
只要考察用地周边的建筑物，不用考虑建筑年份、功能、规模，就能明确当地地理因素、气候因素对建筑的影响。所以应该把观光地图上的传统建筑物全都考察一遍。

4
国内外当代"建筑大师"的建筑
大学课堂学过的著名建筑家的著名建筑作品，不只建筑本身有魅力，应该还展现出了解决课题的优质创意。所以认真研究一下，你就能找到解决项目课题的答案。

5
从大型竞赛脱颖而出的"话题"建筑
我们能从大型竞赛中了解到某类建筑的最新解题方法。"Dezeen"和"ArchDaily"等国外网站会发布竞赛的优胜作品，推荐大家可以时时浏览一下。

⋮ 以往案例的鉴赏方法

这里以住宅设计为例，具体分享一下如何整理案例吧。

以往案例的整理示例

项目特征（位于日本埼玉县饭能市）

- 面向坡地，视野开阔 → ❶
- 用地地势平坦，约 330.58m² → ❷
- 独立式住宅，采光良好 → ❸
- 占地面积约 99.17～115.71m² → ❸
- 建筑西北和东北临街 → ❹
- 客户为年轻夫妇，有生育计划 → ❺
- 考虑将来和父母同住 → ❺
- 希望建成昭和风格的住宅 → ❺

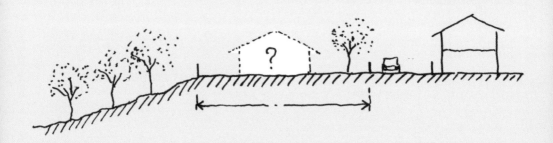

根据本页所列的项目特征，我们就能明确掌握具体的设计内容（见下页），接着我们开始着手收集可供参考的以往案例吧。

❶所在地的气候因素和地理因素

日本是南北延伸的岛国，四面环海，地形多山地，各地的气候和地理环境差异很大。因此需要仔细观察用地周围的建筑，并总结这些建筑的特征。这栋建筑位于气候较东京稍冷的地区，且面对坡地，所以需要收集一些"视野开阔的建筑案例"，并尝试研究巧用视野的方法。

❷用地的特征

用地总会存在各种各样的制约和限制条件，比如用地狭窄，法规约束严格等。由于不存在一模一样的用地，所以地理环境是设计中最应该注意的问题之一。案例中的建筑用地足以建造独立式住宅，所以收集"平屋[1]"住宅案例就好了。这样一来就该轮到如何解决平屋的课题了。

❸建筑类型和建筑规模

建筑类型是住宅。节能和生态设计是住宅设计的重要课题。由于用地采光良好，所以收集一些活用太阳能的被动式节能住宅案例应该会对设计有所启发。

❹道路衔接和通行方向（尤其针对住宅建筑）

道路衔接和通行方向会很大程度上影响户型。如果设计成平屋，室内空间应该如何布局，需实地考察后再进一步研究。

❺客户的特点和期望

特殊的兴趣爱好，家庭成员的数量会影响建筑的建造方法。在这个项目中如何应对家庭成员的增加是必须解决的课题。另外客户明确提出了"昭和风格"的设计设想，所以有必要了解一下昭和风格的住宅。

先明确项目特征，再逐条依照具体设计内容整理以往案例。

收集到的以往案例

❶建在视野开阔的坡地上的住宅案例。在视野最为开阔的 2 层安排客厅、餐厅、厨房²，并利用大面积开口对室外景观做框景处理。组合窗构成了大面积开口，窗沿高度也有所加高，和铺设檐廊的手法类似，我们能从这个案例中获取一些设计灵感。

❷檐廊上方加盖房间的平屋案例。沿着坡地而上，所处位置高度越高，视野越开阔，在平屋的基础上部分加盖 2 层会增加不少设计趣味。平屋住宅的中心区域自然采光较差，易变得阴暗，所以我会参考案例中的设计手法，利用 2 层的大开口将光线引入室内。

❸在日照充足的用地上建造生态住宅案例。冬天面对庭院约 3 米的开口具有集热、采光的功能。为了增强冬季日照光线特别选用浮法中空玻璃，而非低辐射（Low-Emissivity，简称为 LOW-E）中空玻璃。即便是自己事务所的项目，也很难仅凭图纸就了解全部情况，所以还需要进一步参考热环境。

❹北侧临街的案例。在北侧厨房、卫生间、浴室等需要用水的功能区和楼梯间通常会设置成排的小窗户，而在这个案例中建筑师刻意设计了大面积窗户。虽然我未必会仿照设计，但这种做法确实让我联想到了其他方案，我会思考"如果这么做，效果会怎样？"

❺著名建筑家的优秀案例是创意的宝库。矩形场地上做双坡屋顶，建筑两端短轴方向的外墙一般称为山墙。而位于江户东京建筑园的前川国男自宅故意将长轴方向的外墙作为山墙来处理，压低了两端屋檐的高度。平屋和昭和风格刚好符合这个项目的设计特征。

19

以往案例"图纸"的整理方法

不能只"研究""翻阅"以往案例的图纸，非常有必要把图纸打印出来，在透明文件夹里"整理"好。一定要记得以相同的比例尺复印自己事务所的 CAD 图纸及书刊中的图纸。画图时参照这本图集，便于直接比较案例，能避免出现新手建筑师易犯的错误，避免画出"比例异常的虚幻图纸"。

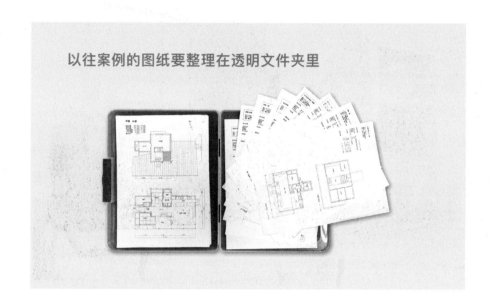

以往案例的图纸要整理在透明文件夹里

以往案例"图纸"上的批注

你必须要仔细翻阅整理好的以往案例图集。在这些凭直觉挑选出的案例中，到底是哪部分你觉得不错？究竟亮点在哪里？用自己的话梳理一遍设计的亮点并写在图纸边上，你真正想要实践的设计就会立刻跃然纸上。

用自己的话"复述"一遍整理好的案例还有另外一个好处，那就是方便今后设计时直接引用参考资料，而且不会被认为是抄袭。

平冢 K 邸

用地面积	425.00 m²
建筑面积	106.74 m²
总面积	117.20 m²
1 层面积	91.61 m²
2 层面积	25.69 m²
阁楼面积	8.69 m²
最高高度	6.9 m

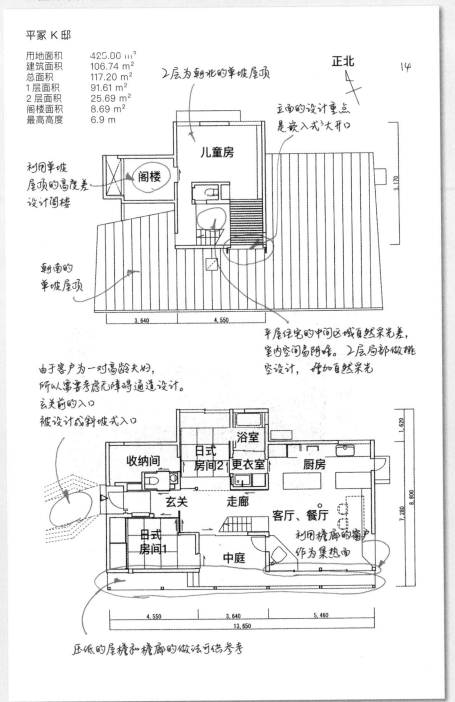

2层为朝北的单坡屋顶

正北

立面的设计重点是嵌入式³大开口

利用单坡屋顶的高度差设计阁楼

朝南的单坡屋顶

平屋住宅的中间区域自然采光差，室内空间易阴暗。2层局部做挑空设计，增加自然采光

由于客户为一对高龄夫妇，所以需要考虑无障碍通道设计。玄关前的入口被设计成斜坡式入口

利用檐廊的窗户作为集热面

压低的屋檐和檐廊的做法可供参考

儿童房
阁楼
收纳间
日式房间2
浴室
更衣室
厨房
玄关
走廊
客厅、餐厅
日式房间1
中庭

⋮ 以往案例"照片"的整理方法

除了图纸，网上下载的著名建筑的照片也要保存在文件夹里，给文件夹命名时要写清楚收集项目的理由，比如"昭和风格住宅案例 01. 前川邸"，这样就一目了然，便于浏览和查找。

和图纸一样，也要给照片做简短的批注。用 Photoshop 等软件给照片做批注会很麻烦，我推荐使用印象笔记（Evernote），先把收集的图像粘贴到印象笔记，再添加文字信息。

使用印象笔记保存以往案例的照片和批注

【批注（第 18 页❷的建筑）】
檐廊上加盖房间的平屋案例。沿坡地而上视线高度越高，视野也越好，在平屋的基础上部分加盖 2 层会增加乐趣。平屋住宅的中间区域自然采光差，光线昏暗，可以参考在 2 层利用大面积窗户增强自然采光的做法。结合浦和 O 宅的立面和平塚 K 宅的檐廊设计，立面效果应该会不错吧？

使用印象笔记保存以往案例的照片和批注

眺めのよい傾斜地に建つ住宅の事例。家の中で最も眺めのよい2階部分にLDKを配置、大きな開口部で、風景を切りとっている。複数のサッシを組み合わせて1つの大きな開口部とする手法、窓際を一段上げて、縁側状に設える手法なども設計のヒントにできそう。

【批注（第 18 页❶的建筑）】
建在视野开阔的坡地上的住宅案例。在视野最开阔的 2 层设计客厅、餐厅、厨房，并利用大面积开口对室外景观做框景处理。组合窗构成了大面积开口，窗沿高度也有加高，和铺设檐廊的手法类似，从这个案例中我们能获取一些设计灵感。

译注：
1．平屋是日本独特的一种建筑类型，类似仅有一层的建筑。
2．日本常将"客厅、餐厅、厨房"简称为"LDK"，"LDK"取自"Living Room, Dining Room, Kitchen"的首字母。
3．原文为 FIX，指不能开关的固定形式的窗户。通常设置在入口门框或楼梯间的天花板，作为采光开口。

2. "30 秒速写" 形成思路

速写让创意成形

细化创意,"梳理"思路的最佳方法就是速写。用手绘图表现设计理念比口述更形象、具体。

和他人"沟通"也一样。比如和客户面对面交流时突然有了好点子,或具体指导现场监督员工作时说"我想让它给人更轻盈的感觉……"对方可能会一头雾水。所以这时最佳的沟通方式就是立刻给对方画张草图。

好多年轻建筑师会觉得自己的手绘拿不出手,不过**重点不在于"画得好不好",在于"有没有成功传达信息"**。如果你想着"手绘就是沟通的工具罢了"就会放松下来,反而会画得好些。

⋮ 一切从 30 秒速写开始

无论怎样，着手用 CAD 或 Sketch Up 落实想法前，一定要花 30 秒（避免让不擅长手绘的人觉得辛苦，缩短内心挣扎的时长，我特地设定了不能更短的时限）速写。

短短 30 秒无疑只能画个粗糙的草图，这才是我想要的结果。限定手绘的时长，提取设计理念的关键点，才能把自己的想法更好地传达给对方。相反，用 CAD 和 Sketch Up 画，画得面面俱到，内容没有主次之分，该注意的细节反而容易被忽略。构建整体框架前用力刻画细节反而限制了构图，模糊了设计思路中最重要的元素。

养成 30 秒速写习惯的话，自然也就养成了"俯瞰整体，传达重点"的习惯。30 秒速写随时随地都能画，随便找张纸就行，抓住"灵感闪现的一瞬间"画出来。为了避免之后找不到，灵感往往转瞬即逝，恐怕以后很难再想起来。

养成随时随地速写记录灵感的习惯

30 秒快速形成设计思路

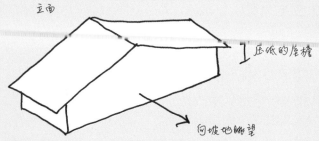

立面

压低的屋檐

向坡地眺望

设计思考

将平屋长轴方向的外墙作为山墙，能实现低屋檐的设计，又能保证向坡地眺望的视野，无论身处家中何处视野都很开阔。

设计思考

单纯建造平屋的预算成本过高，所以将山墙中间区域做成两层楼。放弃坡屋顶，采用复斜屋顶控制整体高度。

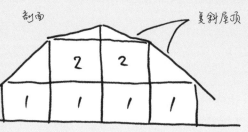

剖面

复斜屋顶

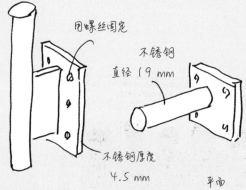

用螺丝固定

不锈钢

直径 19 mm

不锈钢厚度

4.5 mm

设计思考

一般的扶手易遮挡视线，所以为打造开阔的眺望视野而选用细钢管作为扶手。处理扶手细节时，在一端配上钢片并用螺丝固定。

设计思考

住宅面向坡面的一侧视野开阔，适合安排客厅、餐厅及檐廊。集中安排厨房、卫生间、浴室等需要用水的功能区，动线集中在中间区域，玄关和楼梯也同理。

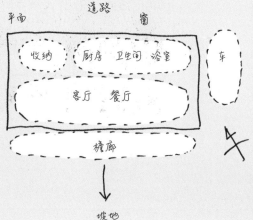

平面

道路

窗

收纳

厨房　卫生间　浴室

车

客厅　餐厅

檐廊

坡地

⋮ 尝试用速写帮助记录

一旦养成了 30 秒速写的习惯，你就会逐渐感受到手绘带来的乐趣。当手绘的技巧越来越娴熟，**你就会发现手绘也是很好的记录工具**。外出旅行，或者建筑巡礼时，走访喜欢很久的建筑时也要试着手绘，即使它会花费你很长时间。

把远藤胜劝、妹尾河童、浦一也等手绘达人当作目标吧，平时养成随时动笔的习惯，一点一点进步，迟早有一天会突飞猛进。

边画边观察能注意到很多以前没有注意到的事物，而且印象深刻。下图这张速写是我参照书里的照片画的，是堀口舍己的日式住宅。手绘过程中我才留意到由不同高度构成的韵律感及壁龛的照明设计。

手绘是记录工具①　参照书里的照片

堀口舍己洞居发光的壁龛
来自隐秘之处的光线

第一章 人人都能养成的七大习惯

27

翻书、看杂志或是逛街，只要看到吸引自己的设计就顺手画个简单的手绘特别方便，省下绞尽脑汁地用文字描述的工夫。以下手绘的主题是接缝形式，仔细观察就会发现除了直线铺装、交错铺装以外，还有很多种铺装方式。

手绘是记录工具② 整理接缝的类型

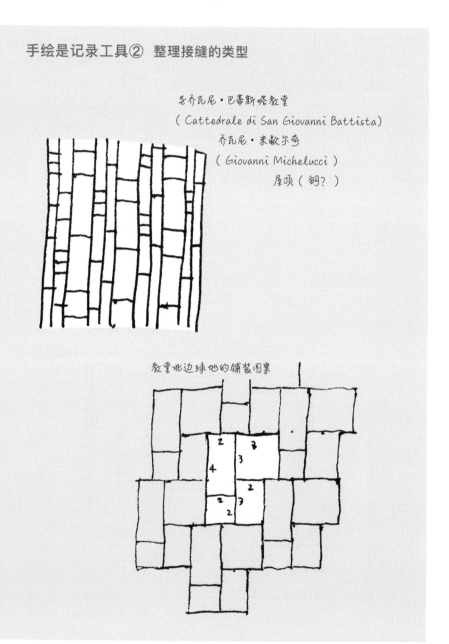

圣乔瓦尼·巴蒂斯塔教堂
(Cattedrale di San Giovanni Battista)
乔瓦尼·米歇尔奇
(Giovanni Michelucci)
屋顶（铜？）

教堂北边绿地的铺装图案

我们常常会在车上突然就来了灵感，有了建筑设计的构思。这时要立刻记录下来，否则过后就想不起来了。临时找不到纸笔可以用手机里的手绘软件画，比如"ArtStudio"，保存起来也方便。

手绘是记录工具③ 在车上的手绘

用笔画的手绘

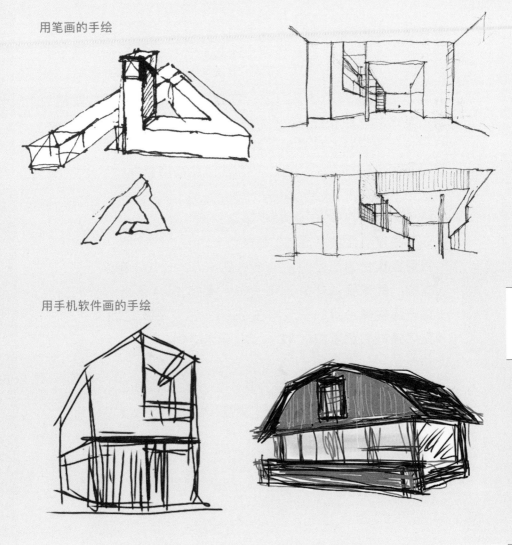

用手机软件画的手绘

3. "测量自己的家" 培养尺度感

⋮ 尺寸是建筑设计的" 基本礼仪"

我给学生安排画图的作业，如果不设定限制条件任由学生发挥的话，我总会收到各种各样匪夷所思的图纸，比如超级狭窄的走廊，即使像螃蟹一样侧身走都过不去。或者超级大的厕所，大到简直可以直接在厕所生活起居。**在建筑设计中掌握尺寸就相当于学习最基本的礼貌和仪态。**不好好学的话，有些时候会非常丢脸，所以我建议大家尽量趁年轻掌握好。

尺寸直接影响使用性，所以平面尺寸和高度都要烂熟于心。

- 椅子高度约在 400 ～ 450 毫米之间
- 桌子高度约比椅子高 30 毫米
- 厨房操作台的高度约为 1/2 身高 + 50 ～ 100 毫米
- 推拉门的宽度，最少 550 毫米，最多 950 毫米
- 每一级楼梯台阶的高度约在 150 ～ 220 毫米之间
- 窗户外框的宽度约在 12 ～ 36 毫米之间

只要牢记与上述尺寸相关的基本常识和事务所的惯用尺寸，你就能立刻着手画图，不需要逐一和项目负责人确认。

⁝ 把自己家测个遍

动手实测是记住尺寸的最好方法。**先从测量你自己的住处开始吧。**住宅建筑内部的配套设施和空间都差不多，无论你家是公寓，还是独栋住宅都没问题。测量后按 1：20 的比例画出平面图和剖面图。

测量时需要遵照一定的顺序，从房间的轮廓开始，房间较大的凹凸处（如下图中的整体卫浴），柱子，开口处，家具，最后是用品。每测完一处就用三棱尺把尺寸标注在图纸上，标注好具体数值以免之后忘记。

窗框的尺寸包括外框的宽度、框深和细节的尺寸（窗框两个面之间细微的尺寸差），所有的尺寸都要详细记录好。为了掌握实际的动作操作尺寸[1]，你最好也量一量家具和电器的尺寸。

下图是我测量自己办公室时画的平面图。

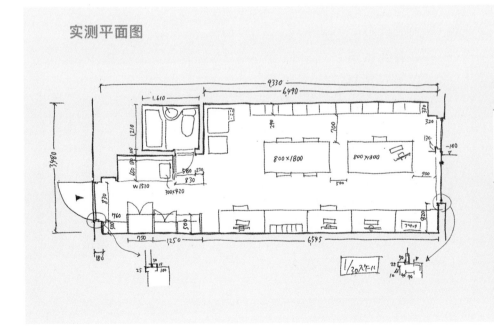

实测平面图

⫶ 外出时也要随时测量

你也要养成测量自家以外其他地方的习惯。恰巧上楼梯时感觉台阶很舒服，那么就量一量台阶，遇到舒适的空间也不妨量一下尺寸，餐厅、车站、大楼、学校等所有的空间都会成为你的测量对象。

尤其是酒店房间的尺寸，你可以放慢速度好好量，没有人阻止你。以后如果你入住了体验感不错的酒店，那就把所有尺寸都量一下吧，跟测量自己家一样按1：20的比例画成图纸。

另外参观著名建筑时，仔细观察实际尺寸下的建筑设计细节也很重要。

像这样长期坚持实地测量，自己量过的尺寸记忆也会深刻，自然而然你就具备了尺度感。

外出应该测量的尺寸
- 容易上下的楼梯
- 恰到好处的卫生间
- 好看的扶手
- 容易开关的门
- 有提升感或压迫感的天花板高度
- 舒适的客座
- 便于使用的家具
- 道路宽度和周边建筑物高度的关系
- 其他著名建筑的各种尺寸

随时随地测量

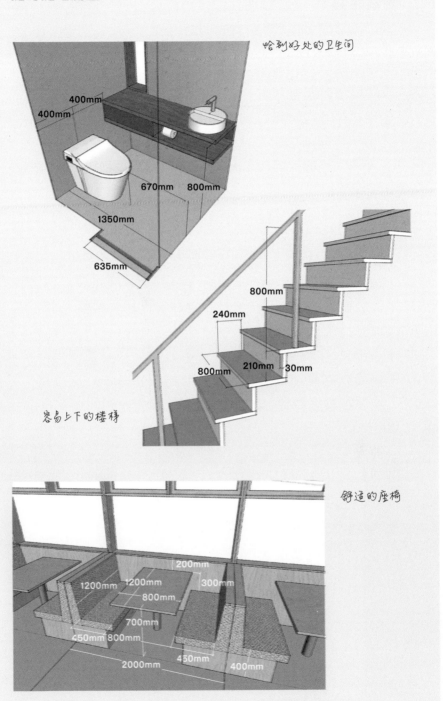

哈到好处的卫生间

400mm
400mm
670mm 800mm
1350mm
635mm

容易上下的楼梯

800mm
240mm
800mm 210mm 30mm

舒适的座椅

200mm
1200mm 1200mm 300mm
800mm
700mm
450mm 800mm
2000mm 450mm 400mm

⫶ 测量工具

　　这里我总结一下平时能用到的测量工具。量尺（卷尺）是常用的测量工具之一，我们应放在包里常备。长度超过 3 米时采用激光测距仪测量会更方便。

　　如果忘带卷尺，可以利用我们的身体的尺寸测量。所以事先要牢记自己身体部位的尺寸，比如伸展手指一拃的尺寸，前臂的尺寸，跨一大步的尺寸（我总是记不住，所以把这些尺寸都保存在印象笔记里）。

测量尺寸的常用工具

● **量尺（卷尺）**

最常用的测量工具之一。如果是为了记下尺寸而进行测量，卷尺就足够了。我推荐使用带锁定功能的卷尺。

● **三棱尺**

画实测图或现场确认图纸尺寸时一定会用到三棱尺。经常随身携带一把 15 厘米的三棱尺，关键时刻能派上用场。

● **曲尺**

建筑工地上木匠常用的测量工具之一。曲尺有两种刻度，毫米和寸 [2]。

30 厘米以下的尺寸用卷尺测量不方便，使用钢尺则更方便。

应该牢记的身体尺寸

伸展手指一拃的尺寸 前臂的尺寸

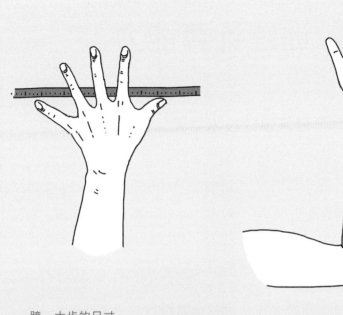

跨一大步的尺寸

译注：

1. 动作操作尺寸指拉出抽屉的长度，打开冰箱门占据的空间尺寸，开关门时的弧线尺寸等。

2. 此处"寸"指在日本使用的长度单位，1 寸约为 30.3 毫米。

4. "复习大学期间最初学习的公式"训练计算能力

: 运算能力是建筑设计技术层面的基本能力

我意外地发现，即便是大学毕业的理科生，不擅长计算的人也不在少数，而设计实践中计算无处不在。构造、设备、造价、报建等技术层面的工作中"制图"并非主要工作，计算才是。而在艺术设计层面，如果你想画出写实的图纸，往往也需要技术支持，到头来还是需要计算。所以，如果你是擅长计算的设计师，那仅凭这一点就能超越其他竞争对手。

以下是设计师应该牢记的和计算相关的内容。只要掌握小学学的四则运算，初高中学的三角函数及公式，就足以解决以下这些计算。

- **法规** 面积、斜线、日照、天空率等的计算
  通风、采光、排烟等的计算
- **4号木造**[1] 承重墙计算，4分割法[2]，地板倍率计算、N值[3]计算
- **结构** 确定梁截面的计算，玻璃抗风压的计算
- **断热节能** 隔热性能和热损失系数等计算，设备的节能计算，内部结露计算
- **设备** 排管截面的计算
- **建筑造价** 数量计算，造价计算

必须掌握的计算

　　然而，想要马上精通所有计算未免强人所难，**你不妨先回顾一下中小学阶段学过的三角函数相关公式和大学期间学的结构力学的基本公式。**另外，即使你所在的事务所只做混凝土或钢结构等大型建筑，你也务必要掌握木结构相关的基本计算，承重墙的计算和 4 分割法。

务必牢记的公式和常量

三角函数和勾股定理

　　三角函数和勾股定理是研究法律法规中各种斜线和坡屋顶时一定会用到的内容。三角函数的话，你只要记得余弦（cos）的定义是"邻边比斜边"，再用有函数计算功能的计算器算出结果，这部分内容基本就没问题了。

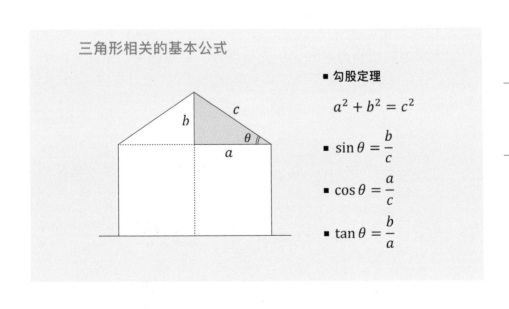

三角形相关的基本公式

- 勾股定理

$$a^2 + b^2 = c^2$$

- $\sin\theta = \dfrac{b}{c}$

- $\cos\theta = \dfrac{a}{c}$

- $\tan\theta = \dfrac{b}{a}$

承重墙计算和 4 分割法的计算

　　承重墙计算和 4 分割法是建筑基准法规定使用的简便计算结构的算法。你可以看《建筑知识》杂志和《建筑报建流程》等进行学习。

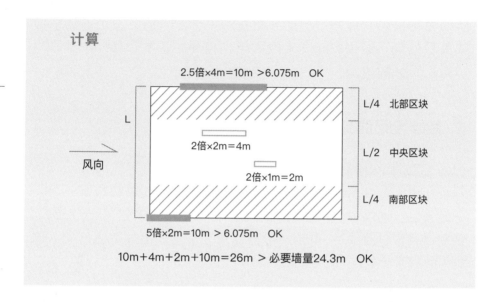

计算

2.5倍×4m=10m ＞6.075m　OK

L

风向

L/4　北部区块

2倍×2m=4m

L/2　中央区块

2倍×1m=2m

L/4　南部区块

5倍×2m=10m ＞ 6.075m　OK

10m+4m+2m+10m=26m ＞ 必要墙量24.3m　OK

矩形截面模量和截面惯性矩

　　大学学的结构力学知识用处特别大，是基础中的基础。你务必要记住截面系数和截面惯性矩的公式，以及公式中梁高（h）究竟是平方还是 3 次方。

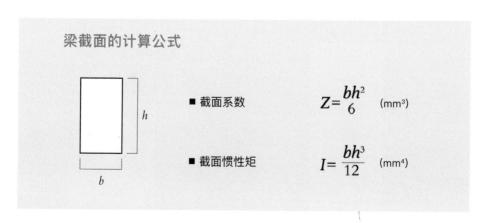

梁截面的计算公式

h

b

■ 截面系数　　　$Z = \dfrac{bh^2}{6}$　(mm³)

■ 截面惯性矩　$I = \dfrac{bh^3}{12}$　(mm⁴)

简支梁（均布荷载）挠度计算公式

计算梁截面一定会用到这个公式。公式略微复杂，木结构建筑多由挠度，而非弯曲变形和剪力决定截面，所以你先要掌握挠度公式。至少要记得公式中有梁长的 4 次方。

挠度公式

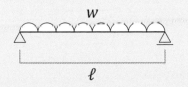

- 最大挠度 $\delta = \dfrac{5w\ell^4}{384EI}$

δ：最大挠度（mm）
w：均布荷载（kg/mm）
E：弹性模量（kg/mm²）
I：截面惯性矩（mm⁴）
ℓ：梁长（mm）

设计木结构住宅时，只要你记得公式和计算方法就能大体把握结构，没必要再去咨询结构设计事务所就能设计出许多可行的方案。本来计算就是机械性的运算，不需要个人的审美能力。尤其那些对自己设计能力不自信的人，更应该养成设计前先做好计算的习惯。

译注：
1."4 号木造"指日本建筑基准法第 6 条规定除 1 ~ 3 号建筑物外的建筑为 4 号建筑，多为 2 层木结构。
2."4 分割法"指日本建设省告示第 1352 号规定计算承重墙所采取的方法。
3."N 值"是表示土壤硬度和黏度的单位。重量为 63.5 千克的锤子从 75 厘米的高处将测量杆敲入 30 厘米所需要的敲打次数。

5. "1小时建模" 培养设计力

训练捕捉建筑的三维空间

建筑是三维空间，所以仅凭图纸和手绘等二维的东西进行思考很容易受到限制。正因为如此，模型不可或缺。制作模型能由内到外完整地展现建筑空间，更能让我们瞬间了解图纸无法呈现的相邻要素之间的关系。甚至还能模拟人们在建筑内部移动的体验。

仔细观察模型，你将会收获很多新发现。和客户或同事一起探讨设计理念，或构想下一步的设计安排时，不会有比模型更直观的辅助工具了。

一般而言制作模型总给人一种费时费力的印象，而接下来我要介绍的1小时快速制作模型的方法非常简单，所以希望你今后能慢慢养成习惯，脑海中一浮现新的设计想法就动手制作模型吧。平时多多练习将创意具体落实成简易模型，想必你的设计力也一定会逐渐有所提升。

1小时制作完成的模型

1 小时快速制作模型的方法

1. 准备材料
要想在短时间内快速制作模型最好选择简单易操作的材料。最方便使用的材料莫过于轻便易切割的苯乙烯板及瓦楞纸板。

2. 准备图纸
如果没有任何参考资料，完完全全从零开始制作模型就非常费力，我觉得至少要先准备好图纸（平面图、立面图等）作为参考资料，当然图纸没必要画得太细致。如果能得心应手地处理好尺寸，草图也可以。

3. 制作轮廓
明确了模型制作的方向性后，请一鼓作气完成屋顶和外墙。这个阶段的制作要点是不要太顾及平面布局及部分细节。你只需要考虑建筑外观是否和所在地的周围环境配合得当。

4. 制作楼板
如有需求也可以添加地板。在上一阶段完成的建筑外观的基础上，设想层高和天花板的高度添加楼板。

5. 开窗
积极思考一下窗户开在什么位置好呢？想象日光照进室内的场景，考虑身处建筑中向外看能看到的景观，再在墙面和屋顶切割出最合适的开口部。

6. 拍照
简易模型很容易破损，所以做好模型后务必要拍照保存。有时候做完模型后反而觉得无趣，所以我会建议把制作模型的每个阶段都拍下来保存好。

CHAPTER 1　第 1 章 人人都能养成的七大习惯

41

⋮ 完成模型后需确认的事项

模型做好后需要确认以下几点。

1. 是否很好地体现设计理念
先要确认做好的模型"有没有很好地体现设计的主题和理念"。比如你的设计理念是"面向庭院的开放住宅"，你制作的模型必须要能体现住宅是如何开放的，如果不能证明模型的开放方式行之有效，那么这个模型就制作得很失败。

2. 注意视线高度，多角度观察
为了注意到方方面面的细节，我们也要想方设法从各个角度观察模型。除了从上面俯视，还需要调整视线高度，蹲下来从侧面观察一下。从旁观者的角度观察模型，想象行人看到的建筑外观及进入空间内部会产生怎样的感受等。

3. 试着放入人物模型和车模型
如果想更准确地把握模型的规模，那就尝试放入能衡量大小的标准人物模型吧。一般做法是放入用黑色纸张制作的纸片人，但我认为放缩印的照片或精致的人物模型能更容易把握空间尺度。

4. 尝试投射光线

模型的另一个优点是能体会光照感。看图纸或电脑绘图（CG）很难能感觉到真实的光照效果，这也是模型的优点之一。你可以把模型暴露在阳光下或用手电筒投入光线，并观察光线如何进入建筑内部。

5. 检查构件是否缺失或出错

动手制作模型能发现设计是否存在构件缺失或出错的问题。例如楼层结构平面图（表示楼层结构构件的尺寸及平面布置的平面图）和结构剖面图（表示轴线上结构构件的剖面）有出入，做个结构模型立刻就能发现。毕竟定位轴线上柱和梁的配置，如果不考虑其立体结构，是不可能画出图来的。对新手建筑师而言，说不定先制作模型后绘制图纸会更节省时间。

6. 摇动模型

同时，观察轴组模型也能从视觉上立体把握力的流动。摇晃模型也能确认哪里是受力弱点。

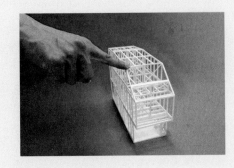

6. "活用轴测图、正等轴测图"训练三维绘图能力

如何绘制三维立体图

前面我讲 30 秒速写一节时也有提到,设计行业的从业人员中不擅长绘图的人很多,这也是建筑行业的现状。如果能将设计内容全部用模型表现出来,那是再好不过的事情了,但是通常情况是,进入实施设计阶段后就很难抽出制作模型的时间了。

但是在设计或现场监督过程中,如果不把二维图纸转化成三维立体图呈现在他人面前,好多时候无法让人理解到设计的要点。以家具设计为例。家具表面的凸凹,材料的好坏,木纹方向等诸如此类特定的设计细节,如果想跟对方解释清楚,无论如何都离不开立体图,否则很难让人明白。虽说三维立体效果很重要,但硬要不擅长画图的人用透视图把所有设计构思呈现清楚,反而会让人听不懂,甚至更加混乱。

活用轴测图和正等轴测图

针对上面提到的情形,我推荐使用轴测图和正等轴测图。

绘图的规则很简单。先建立轴测轴,确定 x 轴、y 轴和 z 轴的方向,注意线段应和坐标轴平行,且直接按照实际长度量取。

具体的画法如下。

用正投影法绘制边长为 1 米的立方体

先确定坐标轴，z 轴务必取自于水平垂直方向，x 轴、y 轴分别和 z 轴构成 120°的轴间角，角度没必要过于精确，稍有偏离也无妨。

在正等轴测图中，三维中的平行线在绘图中也要保持平行。以下图为例，X_1、X_2、X_3 和 x 轴平行，Y_1、Y_2、Y_3 和 y 轴平行，Z_1、Z_2、Z_3 和 z 轴平行。另外，图上和轴平行的线段长度均为实长度，所以尺度为 1：10 时各边应按 10 厘米作图。这样立方体就完成了。

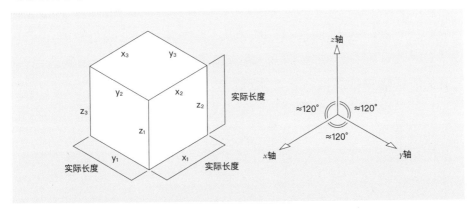

轴测图和正等轴测图的绘图规则类似，都是能正确表现立体物体的示意图。 采用以上方法绘制的轴测图是对二维图纸的延伸，能体现物体的三维构成。安野光雅的著作《旅之绘本》系列及山口晃的一系列作品都运用了同样的绘图方法。

绘制轴测图和正等轴测图表现材料的组合方式最容易让人理解。当然也是事务所内部讨论设计细节时最便于使用的图。如果换作透视图，必须先确定取景角度（视角）才能着手绘图，而轴测图和正等轴测图中延伸方向不会发生变化，也不会限定绘制的内容，可以只画重要的部分，绘图过程中想省略部分内容也没问题。如果你真的画不好透视图，不妨着手练习绘制轴测图和正等轴测图吧。

7. "逛街"训练观察力

将街道上的建筑视为设计案例

我希望大家必须养成的最后一个习惯是学会观察建筑。观察街道上的建筑，你不能走马观花，傻傻地只把它们当作"建筑物"一眼而扫过，要自觉地把它们视为建筑师的"建筑设计作品"。其中有的设计得好，有的不好，或者好坏参半，**一旦你意识到这点，满街的建筑物都变成了设计案例。**

而且亲临现场观察真实的建筑和在网上看照片获取的信息量完全没有可比性，甚至会完全不同。你要是有工夫，就立刻动身去现场体验一下，这也是建筑新人必须养成的习惯。如果你要设计住宅，那就亲自去看看其他建筑师设计的样板房和其他开放参观的住宅吧。如果是商业建筑，那就去店里逛一逛吧。你实际走了多少路看过多少作品可以从你的设计水平中看出来。

上街看什么，怎么看

走在街上，我觉得最好以三个不同的"尺度"观察建筑。

先宏观观察建筑周边的环境。环境有何魅力，有何问题，辩证地思考环境因素。

再微观观察建筑本身的细节。用了什么材料，如何组合，使用者又是如何使用的，你要仔细观察所有细节。

最后观察建筑和街道的关系。建筑如何影响了街道，街道又如何影响了建筑，你都要调查清楚。

如此一来，先宏观观察周边环境（或城市），再微观观察建筑本身，最后体会建筑和街道之间的关系，从这三个角度有意识地观察建筑，脑海中一定会浮现出"建筑的意义和价值"。

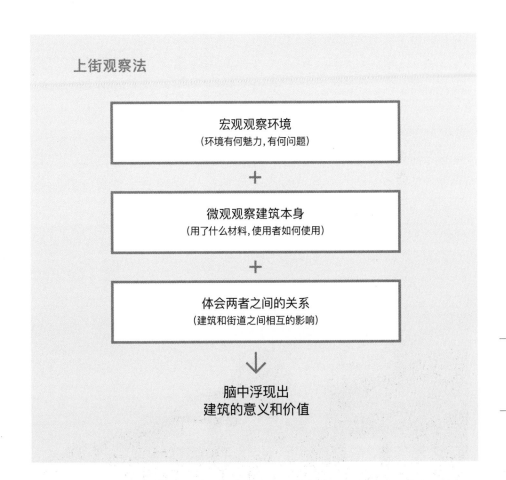

上街观察法

宏观观察环境
（环境有何魅力，有何问题）

＋

微观观察建筑本身
（用了什么材料，使用者如何使用）

＋

体会两者之间的关系
（建筑和街道之间相互的影响）

↓

脑中浮现出
建筑的意义和价值

接下来我们要实际行动起来，上街观察一下吧。这里以日本埼玉县川越市的老街为例。

宏观观察环境

这条街究竟有什么"魅力和问题"？关注街道本身，会发现商店街两侧林立着厚重的藏造住宅（仓库住宅），营造出独特的氛围。而电线杆全都隐藏在地下，反而给人一种清爽的感觉。这就是川越市老街不同于其他街道的魅力。

另一方面街上车流量较大，行人不受保护。这是街道存在的最大问题。

微观观察建筑本身

再看建筑本身，所有建筑都是双坡瓦屋顶（出入口位于双坡屋顶的屋檐一侧）。灰泥墙面有白有黑，设计缺乏整体统一感，形态各异，反而形成了有趣的韵律感。

川越市老街全景

宏观和微观的关系

留意街道和建筑的关系，你可以发现每栋建筑的1层都是有着大开口的商铺。所有店铺的构造都是为了吸引街上来往的行人进店一探究竟，从而营造出整条街道的繁华。

街上形态各异的建筑构成了整条街道的骨架，建筑和街道作为统一的整体十分富有魅力。假设要在这条老街上盖新房，从屋顶的式样，建筑材料的选取，到吸引行人的方法都只能沿用和周围建筑相似的设计，没有其他更好的选择。

像这样，从宏观到微观，再到两者之间的关系，按照这个顺序观察，你一定能对建筑产生更深层次的理解。

川越市老街的屋顶和灰泥墙

川越市老街上
底层商铺的店面

⋮ 深入挖掘微观视点

根据刚才介绍的从微观角度观察建筑，如果能边思考"形状的意义"和"制作方法"，边观察建筑构成中各要素的"细节"，你会有更多的发现。

比如，下图中空调百叶窗刚好能说明这种情况。

边观察，边思考形状的意义，你可能会有如下的猜想："之所以选择用间距较大的空调百叶窗起到隐藏空调的作用，是为了削弱家用壁挂式空调对室内设计产生的负面影响。而且清洗空调过滤网时需要取下百叶窗，所以百叶窗和侧板是独立的两部分。"

在开放参观住宅观察到的空调百叶窗

再边观察，边思考制作方法，你大致可以猜到"拆掉百叶窗，侧板会晃动，不稳定，所以把部分侧板嵌入了墙内。连接侧板和可拆卸百叶窗的细节应该也下了很大功夫。"

像这样边联想形状的意义和制作方法，边仔细观察，你一定会发现更多可取之处，对建筑也会有更深层次的理解。

深入挖掘微观视点的方法
思考空调百叶窗形状的意义及制作方法

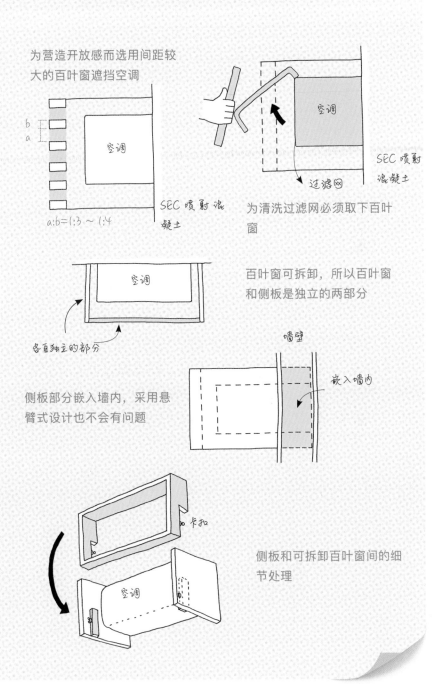

为营造开放感而选用间距较大的百叶窗遮挡空调

空调

b
a

a:b=1:3～1:4

SEC 喷射混凝土

空调

过滤网

SEC 喷射混凝土

为清洗过滤网必须取下百叶窗

空调

各自独立的部分

百叶窗可拆卸，所以百叶窗和侧板是独立的两部分

墙壁

嵌入墙内

侧板部分嵌入墙内，采用悬臂式设计也不会有问题

卡扣

空调

侧板和可拆卸百叶窗间的细节处理

思考，换作是你的话会怎么做

加深对建筑的理解还有另一个技巧。**就是"思考一下如果我是这栋建筑的设计者，我会怎么做"**。散步的时候或吃饭的时候，动脑重新设计一下眼前的建筑，不用从头设计，从建筑局部入手。稍微做一点儿修改也许就能让建筑更具魅力，所以只要设计改造局部就好。

像这样站在设计者的角度思考建筑，久而久之就能分辨现实生活中建筑的好坏。你要先在脑海里重新设计一遍，再翻阅建筑杂志看看设计者真正的设计意图。最后判断建筑理念是否有魅力，设计理念和建筑实体是否表达一致，这一过程也是在练习表达设计理念。

在公共空间、商店、餐厅观察"人"

走在街上，另一个观察点就是"人"。杂志和网上的建筑实景照片倒是很多，但很少把人拍进去，因而很难想象人们实际使用建筑的情况，人们如何移动，如何停歇。**你要抓住停留在公共空间、商店、餐厅的机会，仔细观察人们的动态行为，一定会有很多新收获。**再实际体验一下，你马上就能明白空间舒适与否。最后再思考一下造成空间不适感的原因是什么。

⦂ 定期参观建筑展览并走访建筑村

你不能只逛街，还要创造各种能接受艺术熏陶的机会，平时多去美术馆，多看电影。至少也要定期参观建筑展览。"GA 展览馆"和"间展览馆"经常定期举办新手建筑师不容错过的主题展览。

另外，前川国男自宅所在地"江户东京建筑园"内错落分布着具有各个时代特色的日本民居，名为"日本民家园"，弗兰克·劳埃德·赖特（Frank Lloyd Wright）设计的前帝国饭店所在地犬山市的"明治村"也汇集了许多建筑。要是有机会，你一定要去参观，不容错过。

平时每天都沉浸在和建筑相关的具体工作中，往往会越陷越深，视野也会逐渐变得狭窄。不如给自己一个喘气的机会，在工作间歇稍作休息，接触一下建筑实体，时时刻刻都带崭新的心情做设计，这是再好不过的状态了。

推荐参观的建筑景点

- GA 展览馆
- 间展览馆
- 江户东京建筑园
- 明治村
- 川崎市立日本民家园
- 代官山山坡露台（Hillside Terrace）建筑群
- 日本国立代代木体育场和表参道建筑群

明治村（前帝国饭店中央玄关，由弗兰克·劳埃德·赖特设计）

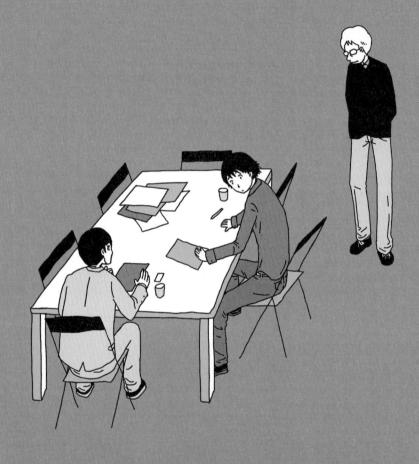

CHAPTER 2

第 2 章
令人刮目相看的
事务所工作法

本章我将介绍在事务所工作的技巧。
当然最开始都是从打杂的工作做起，不用着急。
只要树立正确的工作态度就能在享受工作的同时学到
更多知识。
我还会具体讲一讲工作方法，好让事务所的领导看到
你的工作能力。

1. 想着"如果有一天我要成立自己的事务所……"

成立事务所时要做的工作

刚进入设计事务所的大门，事务所领导不大可能立刻给你布置设计任务。一开始只会安排一些非常耗时的工作，比如收集资料，整理产品目录，数据计算或填写申报资料。**如果领导或者经理给你安排这些无趣又琐碎的工作，你只要畅想一下"未来的自己成立了建筑事务所"，就能更加积极地面对这些工作了。**

一旦你选择创业，成立了自己的事务所，你不只要负责一连串的设计工作，还要处理各种事务性工作，解决所有问题，比如制定资金计划，办理住宅贷款，进行置业咨询，确定办公场地，准备打印机、复印机，拟定合同，以及向相关政府部门咨询具体事宜等。

单就设计工作而言，也不是只要按照领导的指示完成任务就大功告成了。还要倾听客户的诉求，在他们心中你是什么都知道，什么都了解的专业人士。你不能跟客户说在之前公司"规划设计"都由领导或经理完成，所以我一点也不会。因此有必要全面掌握所有的设计技能。

因此，**一旦你有独自成立事务所的意向，那么从设计到杂务，所有业务都不再是"让人头疼的工作"，而是"必须完成的工作"。**

成立事务所不得不做的种种工作

一连串的设计工作

提出资金计划的建议

给相关政府部门
打电话咨询

......

这里我以整理产品目录为例，给大家分析一下所谓的杂活。一定有很多人"嫌弃"这类缺乏创意的工作。我当年实习的时候也非常讨厌整理产品目录。不过收集整理的过程中我反复电话联系生产厂家，经常同销售负责人聊天，逐渐掌握了很多与材料相关的知识。日积月累地思考，渐渐得出了"这次的情况或许适合用那个五金件"的结论，之后整理产品目录反而变成我非常享受的工作了。甚至接待突然到访的业务人员，则是我为将来的设计项目物色使用材料的好机会。通过整理产品目录的工作我认识到，要想实现优秀的设计，必须要了解优质的材料。

像整理产品目录这样的单调的工作，**可以把它视为对获取知识和提升技能的前期投资**，所有工作都有特定的意义。如果有一天你要成立事务所，一定会实际遇到许多麻烦的工作，比如结构计算和建筑造价计算。要是你从来没有接触过这部分工作内容，那么整体的设计会很难向前推进，所以就把现在遇到的种种杂活当作积累经验的大好机会吧。积极地面对并处理领导布置给你的杂活，实际上能学到很多知识，自然也能得到他人的肯定。

2. 偷学领导和前辈的拿手绝活

学会应对、思考、整理的方法

匠人的行业一直流传着"偷师学艺"的说法。并不是所有师傅都擅长教学，会一招一式地传授技艺给你，所以只有你在师傅旁边观察他的"手法和工序"，才能真正学会手艺。**在设计事务所的工作也如出一辙。如果你抱着"总有人会教我"的态度，那么永远也学不到手艺。**时刻要有积极、主动学习手艺的意愿才行。

设计领域更是如此，甚至画一条曲线，其手法都有这样那样的技巧，不是照着画就能马上学会的。

但是有一样你能马上学会，那就是"应对、思考、整理的方法"。所以，让我们来偷学一切和设计相关的"工作方法"吧！比如学习如何分析设计背景，如何和客户打交道，如何整合设计细节，如何分配预算，以及和客户沟通技巧等，最终让客户肯定你的设计。

话说回来，"偷师学艺"说起来简单，实践起来却也不容易，所以我总结了一些需要注意的要点。

偷师学艺的方法

1. 一起工作时，观察"时间管理法"
事务所领导和前辈比新人会更熟悉很多工作，之所以能做到这一点，除了要具备较强的工作能力之外，还在于他们懂得如何做好时间管理。**处理重要的工作就应该分配充裕的时间，反之不那么重要的工作就简单带过。**所以你要先观察他们如何分配时间，在什么事情上用了多长时间。

2. 在设计会上，观察"把握条件和解决问题的方法"
事务所内部的设计会上，你要跟领导和前辈学习"如何把握设计条件，如何解决问题"。当你掌握如何导入设计解决问题的方法时，你的设计也会变得越来越丰富。

3. 和客户讨论时，观察沟通技巧
为了让客户理解设计内容，领导和前辈与客户讨论时总是会用极具说服力的方式跟客户汇报。他们一定是事先精心准备好材料，结合以往的案例，提供具体功能介绍，汇报精确的数字。你一定要学会这项技巧。

4. 在工地现场时，观察"监理的核心要点"
现场监理时领导和前辈应该会重点检查设计及功能上的重要部分和容易出错的部分。他们最先检查的部分通常就是监理的重点。你要观察他们都重点检查了哪些部分。

5. 适时提问能提高偷学的效率
长时间观察领导的工作方法后期，你肯定会产生"为什么要这么做"的疑问。这时不要光观察，要抓住机会在恰当的时机向领导提问。如果你提出好问题，一定会提高偷学的效率。

偷学时不要放过细节

话说回来，在实习阶段最应该好好"偷学"非"细节"莫属。如果想处理好细节，必须要掌握组合材料的特征和性能，施工工序，而且必须具备在解决现有问题的基础上体现设计美感的能力。遗

细节的偷学方法

1. 外部开口

开口是展现设计魅力最重要的部分，但是在墙上打洞也会造成性能上的弱点。在观察前辈们如何兼顾设计美感的同时，还应关注他们如何处理防水、隔热、气密、隔音、抗风压、防火和防盗，你应该仔细研究这些基本功能的处理方法。

2. 内部开口

室内的推门和拉门是室内设计的重点。需要确保室内的门能经得起长久地使用，并确保使用起来很方便。门框和门板这些大块的设计必须要留意，另外还要认真观察手柄、把手、导轨、门锁、五金件等细节。也别忽略了门框和踢脚板之间的关系。

3. 楼梯、扶手、雨棚

关于楼梯、扶手、雨棚的细节，请同时留意设计和结构。如果只考虑强度，设计会变得厚重，但如果依据材料的特性决定使用和施工方式，可以做出轻盈的设计。注意留心这一点。

4. 屋檐、屋顶两端、屋脊

屋顶的话，请观察其两端的细节。两端的细节直接影响外观。兼顾设计感的同时必须处理好隔热、气密、防水、通风等功能需求，技术上最难处理的是"屋顶通风"，所以要仔细观察。

憾的是，细节并不是"多读几本书就能自行创造"的东西，所以作为新人，要向经验丰富的领导和前辈反复提问为什么要这样处理，才会快速成长起来。关于细节，你应该特别注意以下几点内容。

5. 女儿墙

屋顶做防水时一定要关注女儿墙的细节。有无压顶，防水垒起量，防水边缘的做法，防水层的保护方式都会极大影响整体的功能和设计感，这些要点不要忘记逐一检查。

6. 木作家具

在设计事务所的案例中应该能找到许多特别定制的家具。看家具的设计详图时认真学习材料的使用方法，尺寸的测量方法，五金的安装方法和电器的固定方法，并学会整个设计流程。

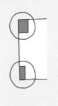

7. 地板、墙角、吊顶的收口处的标准断面

即使在普通得不能再普通的房间里也要注意观察地板、墙壁、天花板的边缘细节。如果换了装饰材料，细节处理也会发生变化，请仔细观察到底有哪些不同。

3. 令人刮目相看的 "汇报、联络、商谈" 工作法

尺寸是建筑设计的"基本礼仪"

① 安全、性能和成本预算

作为设计事务所的一员，如何向领导和经理汇报信息，也就是"汇报、联络、商谈"的方法很重要。客户委托事务所做设计时，通常会和事务所法人签订合同。不管项目负责人多么频繁地和客户接洽，合同上永远都不会出现项目负责人的名字。因此项目负责人需要时时和作为法定责任人的事务所法人或领导反馈设计监理的具体内容，进行汇报、联络和商谈。

汇报、联络、商谈的注意事项

1. 安全方面的注意事项
安全方面最需要注意的问题是预防坠落事故的发生。从设计角度考虑，采用间距较大的扶手（或者楼梯脚踏板），或在较低位置开窗时必须按照先同事，再事务所负责人，最后客户的顺序逐一汇报和商谈。客户如果进一步提出加强安全措施的要求，请和领导商量，拿出具体对策。

2. 性能方面的注意事项
在性能方面特别要注意的是漏雨的问题。如果你要设计顶灯，有水平凹陷的屋顶、低矮的女儿墙等，采用容易引发危险的细节时必须和领导多次商量，做好充分的准备。

3. 成本预算方面的注意事项
成本预算方面特别要注意设计的修改。即使根据客户的要求对现有方案做些调整，也必须在修改前把可能产生的"费用"告知客户后再进行变更，这是大前提。

　　尤其是容易和客户发生意见冲突的安全、性能或成本预算等方面，务必要跟领导汇报和商谈。然后，一定要由领导跟客户说明。

　　安全，性能，成本，无论哪方面和客户陷入僵局，最坏的结果都可能要对簿公堂。一旦引发纠纷，再好的设计也是零分。所以只要有一点儿不放心的地方，都立刻跟领导汇报、商谈吧。

⸭ 彻底落实"汇报、联络、商谈"工作法
② 设计的要点

在设计方面，"汇报、联络、商谈"也十分必要。不管你的设计水平有多高，毕竟设计都是讲求团队合作，所以设计上的"关键点"一定要和团队多商量。如果事务所领导很忙，没时间把所有的事项都检查一遍，那么项目负责人要负责判断设计要点，再跟领导汇报相关的重点内容。即便是大型建筑，只要抓住设计要点，就能很好地整合所有的设计。相反如果没抓住重点，即使一般住宅那样的小型建筑也会做不好。**也就是说，"抓准商谈要点"也是设计能力之一，这么讲一点也不过分。**

设计方面绝大多数的重点都出现在建筑的端部，所以一定要特别注意检查建筑的开口、边缘、台阶等处。

如果除事务所领导外还有其他负责人，那就先找负责人咨询一下事务所特别重视的要点，而且向领导汇报前有必要先听听其他负责人的意见。

结构体的颜色

天花板阳角

窗框的颜色

家具的细节

设计要点

⁞ 商谈设计的方法

即使事务所负责人也不能掌握所有业务内容，如果突然被问到某个部分的颜色和细节，他也无法立即答复。**所以为方便所长做出正确的判断，给予明确的指示，有必要跟他汇报一下设计背景和基本情况。**

比如挑选厨房瓷砖时，如果只拿着准备好的几种瓷砖样品问领导"哪一款比较好"是不正确的做法。这样只能知道负责人的喜好而已，喜欢哪种，不喜欢哪种。你应该事先准备好和贴砖墙配合使用的地板、墙面、天花板、踢脚板、家具等实际材料，并在图纸或模型上涂好颜色，这样才能供负责人做出最终的决定，挑选出最合适的瓷砖。

还有，商量时请务必准备好自己认为最好的方案和作为判断依据的以往案例的图纸和照片。即使方案出现了错误，也是你经由年轻人的感性思考得出的结论，有时候经由年轻人的感性选出的色彩和材料，也会影响或改变领导的判断。

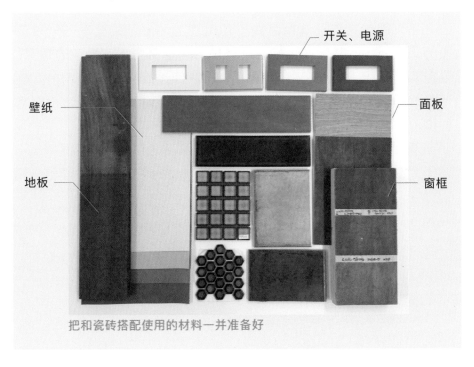

把和瓷砖搭配使用的材料一并准备好

4: 一目了然的电话和邮件分类法

⋮ 灵活区分使用电话和邮件

本节我想总结一下设计事务所对外和客户、施工公司联络的几点注意事项。

最近几年，对外联络方式中，邮件的使用频率远远超过了电话和传真。然而，由于设计事务所要处理的信息具有很强的专业性，要沟通的设计内容也很抽象，所以如果试图通过电子邮件准确地传达内容，正文难免会连篇累牍。为了避免以后出现各执一词的情况，用邮件保存沟通记录的方式的确有其必要之处。然而如果邮件内容过多，写信和读信都很费时费力，实际上还容易忽略最重要的内容。

所以用电话沟通就能尽量避免出现上述问题。尤其在分秒必争的工地现场，**我觉得最好主动打电话沟通一些相对复杂的情况。**打电话能交流许多内容，而且能向对方传达细微的差别，打完电话最好再给对方发送一封邮件，写清楚刚刚讨论得出结论和确定的事项。

下文列举了适合用邮件沟通的事项和适合用电话联络的事项，方便大家在实际工作中参考。

用电话沟通的事项和用邮件沟通的事项

电话

- 联系日常业务
- 沟通并讨论抽象的内容
- 讨论备选选项并做出选择
- 需及时确认的事项
- 讨论并决定设计方向
- 试图说服客户
- 说明指导内容和调整的内容

邮件

- 在客户上班的时间段进行业务沟通
- 沟通相关日程安全
- 联系并商谈安全、性能和成本预算
- 收发图纸和资料（PDF 文件等）
- 介绍可供参考网页
- 收发并确认施工图（传真也可）
- 汇报并确认装修效果和规格

重要的邮件不要抄送了事

使用电子邮件时还要注意一点。很多人会经常抄送回信给项目负责人和事务所领导，领导每天接收到的邮件数不胜数，可能是你的几倍。鉴于此，**发完重要的邮件一定要记得再口头汇报一遍。**

5. 实现高效团队设计的七大法则

: 了解团队设计的规则

即使体量很小的木结构住宅，若单个人兼顾设计和监理，过程也会比预期的要困难。我的事务所一般由 3 个人组成团队负责同一个项目。如果团队合作不顺利，不仅画图要耗费更长的时间，甚至还会出现返工的情况。**团队合作画图前有必要制定一系列的绘图规则。**项目越大，规则就越严格。

① 共享"纸质图纸"

保存在电脑里的图纸难以真正实现共享，也无法让所有团队成员立刻掌握所有图纸的信息。如果两人以上参与画图，一定要坚持共享图纸的规则，"将最新版的图纸打印出来，并将纸质图纸放在指定的地方供团队参考。"

在手绘图纸的年代，把最新版的图纸放在指定位置是理所当然的事情，而一到 CAD 时代却越来越多人做不到这一点了。

只在作为服务器的电脑上创建共享文件夹保存项目资料并不能满足整个团队的需求。只有把所有图纸都打印出来，项目负责人以外的其他人（事务所领导和设计团队的帮手）才能一字一句地仔细确认图纸上的文字，才能在短时间内掌握全部情况。所以平日要养成用 A3 纸打印最新版图纸的习惯。

② 做好数据备份

请一定要做好数据的备份工作。多人共同工作时无意间发生覆盖他人文件的概率特别大。在我的事务所，建有名为"成品"的文件夹，文件夹中的数据以相近的名称命名，比如"数据001""数据001的备份"。

修改他人的文件前，先把上述两个文件从"成品"文件夹移动到"历史"文件夹，复制"数据001"到自己电脑修改后，将其命名为"数据002"，并将"数据002"和"数据002的备份"一起保存在"成品"文件夹。也就是说，"成品"文件夹永远只保存着最新版本的一组文件。待项目完结，再将"成品"文件夹和"历史"文件夹分别备份到安全性和稳定性较好的硬盘里。

③ 仔细留意复制的图纸

设计图纸如果出现错误，绝大多数都是因为复制了其他项目的信息。如果为了省力不得不复制，请务必尽早把设计图纸打印出来，并用马克笔逐一核对所有文字和数字。

一定要特别注意大段的文字，各类做法说明书和整体剖面详图。比如仅仅弄错隔热材料的厚度就会导致成本预算和性能的改变。

如果建筑竣工后才发现图上的标记错了，以至于无法满足客户提出的功能需求，那就只能拆掉墙壁和地板重新做。图纸上一两个字的简单失误就可能演变成大事故，所以一定要格外留心。

④ 带着"没有不出错的图纸"的态度进行检查

检查图纸时，一定要想着"智者千虑，必有一失"。越是看似画得很好的图纸，越要检查清楚是否出现了低级的错误。往往大家认为理所当然的地方更容易出现重大的失误。

我之前听某个建筑公司的总经理提起过，他年轻的时候曾把方向画错了，颠倒了南北方向，发现时地基已经做完了，最后无奈返工重做。现在可能只是当个笑话听听，不过在实际工作中真的有人

69

忘记在图纸上方标记指北方向，所以大家要时刻提醒自己，说不定明天类似的事情就会发生在你的身上。

另外，非常容易理解的错误之一是"图纸之间不匹配"。例如平面图上为 4 间 [1] 盒子建筑，立面图上却有 5 间，这会让人捉摸不透，不知道该信哪一张图。

学生绘制的图纸最经常出现的问题也是平面图和立面图不匹配，如果在实际工作中出现了类似的问题，那设计直接就是零分。

⑤ 改图时不要慌乱，迅速拿出方案

在实际工作中画图和时间在竞速赛跑，分秒必争。无论何时你都要养成快速完成设计的习惯。小型住宅建筑的外观和室内，我只要 1 ~ 2 天的时间就能完成。如果不以这个速度完成设计方案，我每年不可能完成 5 ~ 6 个设计项目。

到了约定日期不能向客户交付建筑成品，还不如不做。先大致画个造型，再不断往下推进。不用想太多，把过去的案例抛在脑后迅速拿出方案 1。听取他人建议后立刻修改设计，做出方案 2。方案 2 的设计耗时顶多是方案 1 的一半，因为这已经是第二次整合所有设计元素了。接着尽可能画出 1∶100 的草图，楼梯和家居详图的三视图。三视图不但有助于理解立体结构，而且能辅助你尽快完成模型。画多了三视图，有助于训练立体建筑的思维，逐渐养成边画图边想象立体空间的习惯。

⑥ 先完成老板的方案

如果领导布置了草图及文字说明，不用多想，第一时间先把领导的方案做出来。

领导应该是综合考虑很多情况最终才确定了文字说明，如果你不按照文字说明画图，会导致整体设计出现问题。设计事务所的工作讲究团队合作，所以严格按照要求执行才会提高工作效率。所以按照文字要求，一边思考着怎么画图才好，一边进行设计才是最基

础的工作方法。

⑦ 不断修改设计

　　和上面的情况刚好相反，假设所长的草图中存在严重的错误，有必要做些修改。这种情况下你应该毫不犹豫地提出修改方案。因为设计没有限制，在一定成本的范围内也有无数可供选择的方案。

　　修改方案，比起从零开始设计，需要高度的专业知识和技能。所以即使你向领导提交了全新的方案，大多数情况下也不会被采用。不过，如果你能发现问题并提出改进方案，不但无形中提升了你的设计实力，而且你的建议也许会启发项目负责人思考其他不同的改进方法。

　　一旦进入现场施工阶段，你就会被各种工作追赶得停不下来，没时间关注项目的整体进展。有时只要在现场稍微修改些许细节，给人的印象就会截然不同。即使事务所领导的方案，你也要养成直到最后都不放弃精益求精的习惯。只有坚持不懈地设计，才有可能收获优质的建筑。

译注：
1. "间"为长度单位，4 间约 7.272 米，5 间约为 9.09 米。

6. 完美日程调整术

时间管理的基础

如果有充足的时间，设计多少都可以越改越好，但设计事务所是根据最初确定的设计费安排工作。如果设计消耗过多的时间，会出现经营赤字，将无法支付员工的工资。因此，设计事务所的工作常常要争分夺秒。

总体流程会由事务所领导制定，但具体到每周、每天的工作，则需要由员工根据自己的工作节奏具体安排。如果员工未在规定时间内完成指定工作，会扰乱整体的工作节奏。所以每个员工都要树立正确的时间观念。

确定输出成品的时间点

不管什么工作，开始工作前一定要明确成品输出的时限。如果从必须提交工作成果的日期逆推，工作内容也可能会发生巨大的变化。假设有两天时间，你应该能完成整体剖面详图，如果你只有两小时，只能画完草图，勉强标上具体尺寸，用带尺寸的手绘勉强交付，大致就是这样的情况。

就团队而言，为了避免出现因某个成员没有按时完成指定任务而拖垮整体的工作流程，所有团队成员必须一起努力。如果工作分配不佳，大部分工作集中分配给某个成员时，其他成员不仅可以及时提供支援，也可以向领导提出调整重新分配工作的建议。

⋮ 了解总体流程

　　为了能够预估整体工期的时长，首先要考虑到包括设计和监理在内的总体时间安排。**建筑的设计和监理是场持久战。即使小型住宅的整体工期也要持续 10 个多月。**一般而言，确定外观造型和窗扇的基本设计阶段需 3 个月，确定各种装饰和装修、电器的规格、家具等细节的深化设计需 2 个月，施工需要 5 个月。

　　以住宅为例，客户大多会定在年度末（子女升学、纳税申报）、年末（固定资产税）或其他日期（租赁住宅的更新时期,住房贷款）搬家入住。所以我们需要事先与客户沟通，提前确定搬家入住的日期。

　　施工公司的人员配置会直接影响施工工期，因为在施工过程中几乎都会遇上盂兰盆节，所以若自建住宅，最好为施工预留半年左右的时间，才会避免出现因为施工工期延长影响客户无法在指定日期搬家入住的情况。

　　有些客户会提出无法实现的进度要求。不合理的施工进度会拉低设计品质和施工品质。时间不足也会导致施工公司无法及时调整预算。所以你要务必告知客户预先留足时间，做好日程安排。

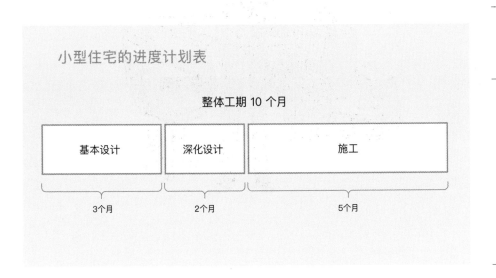

小型住宅的进度计划表

整体工期 10 个月

基本设计	深化设计	施工
3个月	2个月	5个月

⋮ 规划进度的注意事项

　　下面我总结了一些规划进度时应该注意的事项。如果你忽视了如下这些注意事项，一定会影响整体工期，少则几周，多则几个月。为了切实保证整体工期能按合同落实，与客户签订设计和监理合同前，请务必先咨询相关政府部分，听取客户的诉求，最后协调整体进度。

影响进度的事项

1. 户型设计

在设计阶段对整休进度影响最大的非户型设计莫属。你如果打算多做几个户型方案，在一开始规划整体进度时就要留出充足的时间。

2. 报建

向政府相关部门及指定验收资料的部门提交申请时也要非常留意。根据申请内容的不同，有时会出现几个月后才得到批复的情况。所以项目负责人必须事先咨询政府相关部门并仔细确认后，向事务所领导和客户汇报具体情况。

除报建之外，另外需要特殊留意的一点是提交其他项目的申请。在日本，报建前还要完成一系列审核，包括地区规划，《区域规划整理法》第76条，《城市规划法》第53条，狭窄道路，风景区，《悬崖条例》，中高层建筑，文物埋藏遗址等。另外，若要申请长期优良住宅，认证低碳住房，flat35贷款适用住宅等，也需要预留办理手续的时间。

3. 成本预算

关于报价的进度，如果你计划找3家公司报价，那么也要给调整报价留足时间，原则上报价要在报建之前完成。如果预算与报价相去甚远，那么相应地要调整建筑规模、配置、窗户的位置和大小等。倘若报价前先报建，到时需要申请变更计划。

4. 奠基仪式和上梁仪式

进入施工阶段，你应该留意客户是否要举行动土仪式或上梁仪式。由于动土仪式前无法开始施工，若动土仪式恰好遇上周末或其他不宜动工的日期，工期可能至少要推迟半个月，甚至1个月。如果客户提出要求必须等到其父母从老家赶到现场，才能确定举行动土仪式的具体日期，那么施工日期可能会再次推迟。举行上梁仪式时是否宴客，是否要避开周日及其他节假日，也会影响整体工期进度。

5. 交接时的各种事项

临近交房时你还要注意迁移户口，竣工验收，贷款执行和搬家等问题。注意在最终交房日期前预留与客户商量办理火灾保险及相关登记时间。

7. 掌握 "七大类专业知识"

不要成为建筑傻瓜

"设计师只学习建筑设计就行"并不足够。建筑设计除了会用到建筑专业的知识外，还会用到更广泛的知识。**建筑设计会用到艺术、历史、地理、文学、哲学等多个领域的知识及思考。**"对一切事物都抱有好奇心"是建筑师的必备素养之一。

就与建筑相关的工作而言，规划阶段需要掌握寻找土地，资金计划，挑选施工公司的方法。设计阶段需要想象客户日常生活时的场景，如洗衣、打扫、做饭等做家务时的情形，还要熟知家居收纳相关的生活常识。房屋交付后，还要指导客户学习如何维护建筑和栽种绿植等。

现在你或许还是设计事务所的员工，不能完全认识到这些知识的重要性。但与客户面对面交流和洽谈时，你的同事若能设身处地从客户的角度出发，提出独特的收纳方法和做家务技巧，仅凭这一点他就能得到客户的认可。

这里我总结了一些容易取得客户认可的专业知识以及需要提醒客户注意的要点，平时工作中你要注意吸收这些要点并主动学习。

① 资金计划的基础知识

第一次盖房子的人在预估建造房子的总成本时，往往会出现预估成本偏低的情况。设计费就不用说了，还有中介手续费，拆除费，接入电线等生活配套管线的费用，土地使用相关费用，担保费，火灾保险，团体信用生命保险等贷款的相关费用，地质改良，安装防火窗框、空调、窗帘、百叶窗，外构等相关费用，以及其他登记费用和税费等，你有必要创建一个表格，将上述所有费用列在其中，并逐一给客户提出建议。另外，房屋若为自建住宅，你要提醒客户可能需要准备临时融资贷款[1]。设计事务所如能做到跟进所有款项，就不必咨询住宅制造商了。

② 寻找土地的基础知识

设计事务所经常会遇到一些前来咨询如何寻找土地的客户。许多客户认为土地不能满足自己的需求，而且购置土地后可能无法在建造上面投入过多，所以一开始你就要和客户明确（除土地购置费用外）其计划用于建造的预算是多少。另外，如果客户打算在地块上垒起高挡土墙，或场地内现有未拆除的老房子，或基础设施尚不完善，或需要加强防火措施等，预计会增加数十万乃至数百万日元的额外费用，你作为设计者有必要提醒客户提前注意到这些问题。

而且确定备选地块后，建筑师才能预估诸如待建建筑的体量，从而预见一些问题（日照条件、地块条件、是否能设置停车空间、私密性等），并提出克服不利条件的建议和解决方法等。

你如果能掌握土地相关的知识，今后收到设计委托的可能性会明显变大。纵使你说的内容可能不对，也不要直接跟客户讲"我对这方面不专业"或"不知道"。

③ 选择施工公司的方法

建筑设计得再完美，能否成为好房子完全取决于施工公司。虽然是客户选定施工公司并签订施工合同，但是甄选、推荐施工公司是设计事务所工作的一部分。

你要提前做好准备，一旦被客户问及哪家施工公司服务好，马上就能有所推荐。如果项目所处地区没有熟知的施工公司，那么设计事务所有必要代替非专业的客户了解清楚当地施工公司的具体情况，比如施工公司对隔热构造的想法，定制家具的情况，监理人员的数量，现场施工人员的数量，同木工签订合同的形式及施工图的制作情况，报价方式等，再逐一跟客户汇报。

④ 电气和设备的基础知识

以住宅为例，建筑设计师通常也会负责电气设计，例如电气设备的主要供电管线、通信系统设备的线路等。所以你必须掌握电气和家用设备的基础知识，也要不断跟进电气设施及设备的最新信息。

比如，采用有线电视好,还是光纤网络电视好，是否预留无线网络电视的管线，如何使用高清多媒体接口（HDMI）连接电视和DVD，购买全年能源消耗效率（APF）参数是多少的空调，空调管线是做隐蔽处理还是暴露在外，对讲机是否选择能和智能手机连接的款式，照明是否采用LED灯等，**虽然电气和设备的知识不可胜数，甚至有些还是"家电宅"才了解的知识，不过身为设计师，不妨多了解一些。**

⑤用水区域[2]的最新情况

住宅中用水区域是客户设计要求非常集中的地方。选择用水区域的产品时，住宅制造商推荐的多为知名品牌的产品。只要选好系统厨房，一体化浴室，成品洗脸池就大功告成，非常简单。但是为了满足客户的多种要求，设计事务所经常会建议客户特制

详细了解厨房的类型

和定制相关用品，具体需要还要征求客户的意见。

以厨房为例，客户经常会咨询设计师以下这些问题：抽屉的优缺点，厨柜的类型，台面和水槽的边缘形状，炉灶用煤气还是用电，是否有必要安装洗碗机，如何布局食品储藏室，烹煮类家电的放置方法，洗碗机上下面板的规格，五金把手的形状，是否安装隔板置物架，是否使用宜家的配件等。

而浴室和更衣室，客户会经常咨询选用一体、半一体和传统浴室的价差，能伸直腿的浴缸的尺寸，不易发霉的瓷砖接缝方法等问题。**其中不乏一些相当专业的问题，所以平时你要详细掌握用水区域的知识。**

⑥ 污渍与维护的知识

客户很难想象和预见将来入住后会产生污渍及日常维护工作。**为了让客户住得舒心，日后不投入较多维护费用，设计师应该把**

烧杉木外墙

眼光放长远一点，在选择材料时向客户提出建议。

例如最常见的陶瓷壁板（以水泥为主要原料的板状干式外墙材料 3)），用于垂直接缝的密封胶可能出现裂缝，因此每隔 10 年需要更换一次密封胶。更换时整个壁面会显得很脏，有白色粉末析出的粉化现象，每隔 10 年就要搭脚手架重新涂一次漆。如果采用镀铝锌合金板，既没有接缝，又不吸水，也不容易开裂，无须任何维护就能轻松使用 20 年。如果采用木质材料，烧杉木不易损坏。若挑出的屋檐能起到一定保护外墙的作用，烧杉木的耐用性会进一步提升。客户选择不同的材料，建筑造型的设计也会随之改变。

另外，室内若不铺设踢脚板，很容易在墙面上留下吸尘器碰撞的痕迹，也容易损坏拐角处的墙角框板和垫材，不同类型的涂装也会直接影响耐脏程度，若提前告知客户以后会出现的情况，客户会非常留心。

⑦ 外构的知识

外构（建筑物外围的地面铺装、植栽、栅栏和大门等设施）设计会直接影响住宅的高级感。很多人认为外构设计不在建筑设计的范围内，但实际上外构的规划和建筑本身的设计同样重要。**从设计事务所的角度思考建筑外构的设计方案，也许会提升建筑自身的美感。**

　　针对外构，事务所可以建议客户尽量缩小铺装的面积，尽量采用不过度人工化的设计，尽量少使用曲线。树木以单棵多枝的植物为主。务必要提前告知客户，如果将车库和仓库设置在房前会直接影响建筑的外观。

　　不一定非要建议客户选用形状特别的针叶树，植物种类可根据客户的喜好进行选择，具体种植哪种花草树木要跟客户商量一下，包括标志树，次标志树，中等高度的树（灌木类），覆盖空地的草坪等。有必要提前告知客户植栽相关的价格，划分邻地地界的栅栏和大门的价格会高得出乎意料。

种满植栽的外构

译注：
1. 新购住房时，在公共贷款等获得批复前需向施工公司支付一定费用，因此可能出现资金不足的情况，此时客户可采用临时融资贷款，也就是民间临时过渡性贷款，即私人贷款。
2. 用水区域具体指厨房、卫生间和浴室等需要用水的功能区。
3. 板状干式外墙材料不使用水泥，而使用黏合剂进行粘贴，由于不用水，所以被称为干式。

81

Main Work

下篇　正式工作篇

本篇我将介绍从现场调研到正式设计的技巧，
介绍能独当一面的建筑师必须掌握的"秘技"。

PART 2

CHAPTER 3

第 3 章
初次现场调查
与听取客户需求

本章中我会说清楚现场工作的内容。
先要准确把握现场调查的要点，
再正确听取客户的需求，
进而掌握和客户沟通的技巧。

1. 用智能地图能
八成把握用地概况

⁝ 现场调查前预先在网上做好调查

绘图之前必须整理好设计条件。

设计条件包括建筑相关条件和土地相关条件，比如资金计划、建筑规模、客户需求等。建筑相关条件需要多次和客户商量才能决定，而土地相关条件，一旦确定了用地，就可以开始调查。

网络有助于收集用地周边的信息。即使只是大致的信息，也有助于把握现场整体情况，会为之后开展的正式调查节省大量时间，因此到现场调查或向政府相关部门咨询前，先在网上做好调查并不是一件浪费时间的事。

⁝ 使用智能地图可以掌握的信息

网络调查最常使用的工具是智能地图。智能地图有"航拍""地形"和"全景"三种模式的地图信息，可以说是当前功能最强大的调查工具了。

① 用地的方位

首先在默认的地图模式中大致了解一下"用地的方位"。掌握方位非常重要，即使建筑的规模不受日影限制，若建筑位于市中心狭小用地内，往往会受到高度斜线的限制。房地产商的宣传单和土地面积测量图上标注的方位通常是磁北所指的方位，不一定准确。因此，需要在地图上确认正确的方位。

② 交通情况

　　用地周边的交通情况也要引起关注。根据道路的宽度和弯曲程度，是否为单行道，设想工程车辆的驶入方向和施工期间的停车位置，并为之后施工公司到达现场做好准备。

③ 到最近车站的最短步行路线

　　最好也标明到最近车站的最短步行路线。而且有必要确认周边公共设施、便利店和公园的位置。另外，再确认一下周围是否有和水有关的地名，有的话，务必要查阅卜文提到的历史地图（第91页）。凡名字与水有关的地方，地质情况大都不怎么好。

地图的画面上方为正北

①在地图上确认方位

③确认到最近车站的路线

④ 周围建筑和停车场的配置状况

用航拍模式确认周边建筑和停车场配置状况、绿地分布状况、屋顶造型等。周围环境会不断发生变化，所以我不鼓励你对智能地图抱有过度的期待，不过可以预先找到视线开阔的方位和可借景的元素等。

⑤ 建筑高度和密度，道路宽度

全景模式下不仅能确认建筑高度和密度、道路宽度、电线杆等，还能确认道路障碍物、人行道、排水沟、有无挡土墙、有无视线开阔的方位及邻居窗户的位置等，这些看似到现场才能确认的信息都可以利用"全景模式"查看。

智能地图中多种模式的信息组合会让你联想到一些在现场观察不到的情况。比如查看周围的地形和"全景"模式下的路边挡

航拍模式

④确认周边环境

全景模式

⑤确认建筑高度和密度等

土墙，你可能会注意到在场地内照片没拍到的地方也可能有挡土墙。如果平屋旁栽有大树，那么该平屋很可能建于昭和时代前。因此它采用的抗震等级很可能是以前的抗震标准，铺设的水管也可能是老式水管，现在可能已经无法使用了。用智能地图就能了解到购置土地前需要跟房地产公司确认的项目和信息，所以又有谁会放弃使用智能地图获取信息呢。

⋮ 用于调查基础设施的网站

在日本，水、电、煤气等各种基础设施中，供水设施需要实地调查或跟相关部门咨询才能掌握大体情况，**而燃气和污水处理可以通过网络调查**。东京下水道系统的信息可以在"下水道信息网站"确认。

放大显示用地，查看道路边界附近是否已有污水池。若为雨水、污水分流的情况，请检查是否有雨水蓄水池。

日本东京都下水道信息网站
http://www.gesui.metro.tokyo.jp/osigoto/daicyo/.htm

煤气公司若是东京煤气，能在"煤气主管埋设情况确认服务"网站上查到。煤气入户工程通常由煤气公司负责，无须支付施工费用，只要用地前方道路有煤气主管道，煤气入户就不成问题。

"煤气主管埋设情况确认服务"网站
https://mapinfo.tokyo-gas.co.jp/dokaninfut/k_main.asp

地质调查

同一地块内地质情况也会有所不同，实地进行 SS 测试（对木结构住宅进行的简单地质测试）才能最终确定是否有必要改良地质。不过地质情况大致可以在以下网站进行确认。

> "日本地质地图"网站
> https://supportmap.jp/#13/35.6939/139.7918

> "GEODAS"网站
> http://www.jiban.co.jp/geodas/guest/index.asp

以上两个网站可以用来了解用地的地质情况，而且网站数据是由地质调查得出的统计数据。网站数据完全免费，你不妨查查。

还有一点需要注意的是地质液化。东日本大地震后在千叶县浦安市等地已经出现了土壤液化，比起单纯的地质松软，地质液化处理起来更加困难，所以需要十分注意。尤其在打算填埋周边场地时，可以查看以下网站。

> 日本全国土壤液化地图（液化预测图）
> https://www.s-thing.co.jp/ekijyoka/

查看历史地图

查看历史地图可以看到当地的历史地名和地形。为了确认地质结构情况的好坏，你也可以在历史地图上确认当地的历史，比如当地曾是"池塘""沼泽地""河流""稻田"等。

这个网站可以查到明治时期，甚至更早的历史地图和全日本的航拍照片。即使没有地质方面的问题，也可以查一查，看一看，顺便学习一下当地的历史。

用智能地图查看过去的地形图和航拍照片

现在

1963 年

新宿中央公园附近的新旧地图对比（http://user.numazu-ct.ac.jp/~tsato/webmap/）

⋮ 调查洪水灾害和山体滑坡

　　近年来由台风引发的短时强降雨屡次刷新了历史降水量的最高值，已不是什么罕见的现象。在日本地图上首都垂直下方和东南沿海地区由地震引发的洪水灾害也非常让人忧心。

　　因此购置土地时，即使只打算重建，也最好事先到下面的灾害地图网站上确认一下。

"日本地质地图"网站
https://supportmap.jp/#13/35.6939/139.7918

"GEODAS"网站
http://www.jiban.co.jp/geodas/guest/index.asp

　　即使在泥石流灾害警戒区域，也不会完全限制建造房屋，但最好事先向客户汇报相关情况。

2. 调查用地时确认所有"高度"

现场调查的要点和摄影技巧

　　现场调查的目的是要发现设计的"线索"。即使在全景模式下看过了用地概况，站在设计和施工的角度亲自到现场，边测量尺寸，边仔细观察，肯定还会发现很多特殊情况。这时自然而然脑中就会浮现出规划和设计的方向，所以无论如何，先带上场地图纸、相机和卷尺去现场吧。

必须拍摄的现场照片

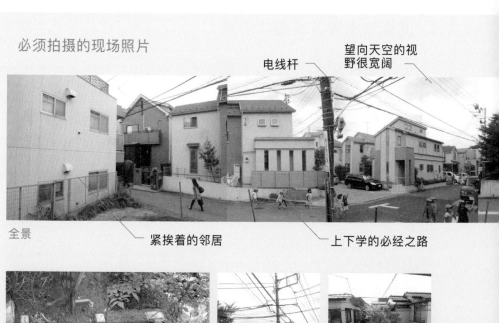

电线杆

望向天空的视野很宽阔

全景

紧挨着的邻居

上下学的必经之路

界标

电线杆、电线

2层的视野

现场调查时，为了方便日后确认现场情况务必要拍照。先在道路中央和场地内几处重要位置拍一些全景照片。其次再拍摄一些以后可能会成为问题的结构体，比如边界桩、水表、蓄水池、路边电线杆等基础设施及挡土墙等构造物。由于建筑上梁后才能确认高处的视野，所以趁老房子拆除前在 2 层拍一些照片作为记录。

调查过程中务必将注意到的现场情况记录在图纸上。

可能借景的邻家庭院

电线杆的支线

越界的树木

挡土墙

排水沟、水表

现场需确认高度的地方

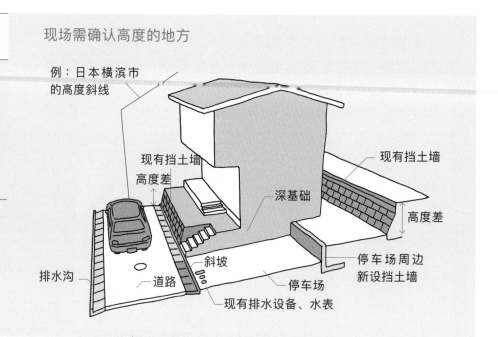

例：日本横滨市
的高度斜线

现有挡土墙

高度差

深基础

现有挡土墙

高度差

停车场周边
新设挡土墙

斜坡

排水沟

道路

停车场

现有排水设备、水表

确认高度

很难在地图和平面图上标注的"高度信息"，只有通过现场调查才能掌握。**现场调查的一半工作都可以理解为采集高度信息。**

到达现场后，你要先测量用地和道路，用地和邻地的高度差。如果有高度差，再看看现在处理高度差处理方法，是利用斜坡（切除地面形成的人工斜坡）、挡土墙，还是混凝土砌块。

关于用地和道路之间的关系，务必要确认排水边沟（L 形砌块）的形状，高度和下切砌块（为方便汽车进出而调低道路边界线上砌块的高度）。如果在待开发地块事先已经铺好下切砌块，那么排水管道、煤气管道应该也都已经铺设完毕，也就确定了停车的位置，不好再做更改。

用地和道路之间有高度差吗？如果高度差在 50 厘米左右，可以处理成斜坡，但如果大于 50 厘米，则需要一些辅助结构。尤其停车场必须和道路保持平齐，所以很可能会用到挡土墙。如果存在高度差且停车场紧邻建筑，则通常采用被称为"深基础"的方法抬升高度。你要注意不管采用挡土墙，还是深基础，建造成本都会增加数十万日元。

即使看上去道路和用地几乎平齐，通常也有相差 20 厘米左右的坡面。这种细微地形的变化有时会导致不符合道路斜线的规定，如果时间不充裕，可以请施工公司的专业人员测量高度差。如果符合道路斜线的规定，可以尽早开展现场调查工作，从调查报告中取得高度差信息。

调查洪水灾害和山体滑坡

如果边界上有砌体挡土墙，务必测量其高度。如果是钢筋混凝土（Reinforced Concrete Construction，RC）结构的 L 形挡土墙（截面呈 L 形，能承受压力的挡土墙）可以相对放心一些，如果是很久之前建造的挡土墙，且高度超过 2 米就需要特别注意。无论挡土墙上方，还是下方，都有相关建造限制。在 2 米以上的

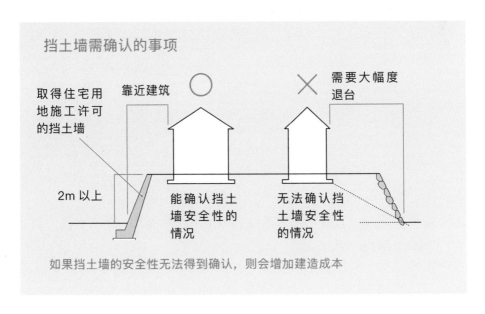

挡土墙需确认的事项

取得住宅用地施工许可的挡土墙

靠近建筑 〇

需要大幅度退台 ✕

2m 以上

能确认挡土墙安全性的情况

无法确认挡土墙安全性的情况

如果挡土墙的安全性无法得到确认，则会增加建造成本

旧石砌挡土墙上加建需要打桩，且建筑必须后退 1.7 倍挡土墙高度的距离，或直接重建挡土墙。否则很有可能无法通过报建审核。挡土墙会花费数十万至数百万日元的预算。

除高度之外，务必确认一下挡土墙的结构、裂缝、划痕和漏水的情况。你也要知道挡土墙不允许超过 0.6 米。

∶ 基地边界

你要同客户一起确认是否存在标石（明确公共与私人，私人和私人用地的分界桩等）。别忘了记录标石的种类（石头、混凝土、金属、钢钉等）及标石上箭头的方向。日后这将成为决定建筑位置的线索。

接着你要仔细查看围墙。先确认围墙处于分界线的哪一边，如果围墙是在用地外，那么准备报建资料时无须在意，不过要确认围墙是否存在晃动等安全隐患。

如果用地内或分界线上有"砖砌围墙"，请测量并确认围墙的高度是否低于 1.2 米，并查看是否有扶壁。如果是很久之前建造

分界线上的砖砌围墙需确认的事项

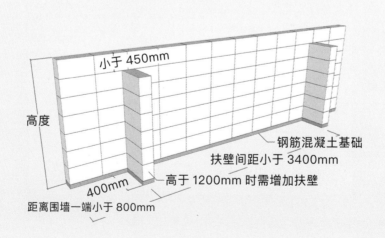

的围墙，大多数等身高的围墙都不带扶壁。在完工验收时有关部门一定会要求降低围墙，提出建造内置钢筋的围墙等安全措施。

道路宽度需在多个点位进行测量，路宽是否超过4米是重要的指标。如果4米以内，大多数地方政府会要求签订"狭隘协议"。旗杆地[1]需要注意旗杆道路的最小宽度，测量并确认最窄处的宽度是否超过2米。

另外，观察邻居房屋的屋檐、飘窗、电线、天线和树木等是否越界。如果发现电线越界，必须电话联系房地产公司（购入土地和房屋时）或联系电气公司、电话服务提供商更改路线。

工程车辆的进出路线

根据用智能地图网络调查得到的信息，确认私家车和工程车辆的进出路线。确认道路是否弯曲，是否有电线杆、标识、花盆、储物柜、自动贩卖机等障碍物，是坡路，还是有台阶，如果道路过于狭窄，车辆能否靠近施工地块等。如果工程车辆无法驶入，

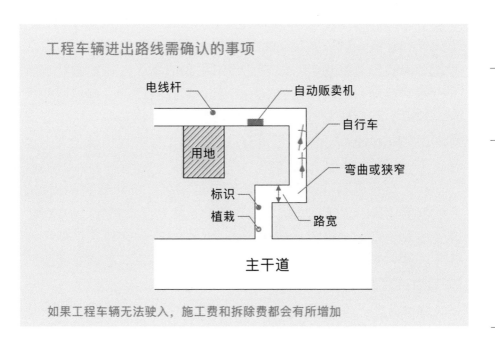

工程车辆进出路线需确认的事项

如果工程车辆无法驶入，施工费和拆除费都会有所增加

无疑会增加拆除、地质改良、建造、搬运建材等工程的成本。

排水沟和水表的位置

如果利用场地内的接入点，设备的费用会相对低一些。你应该在绘制设备图纸时，标注好水表、雨水和污水的最终端排水沟（设置在最下游的路边排水沟），接入煤气的位置。另外，最好也确认一下周围街路上的井盖和水阀的位置。

如果用地附近有电线杆，有必要记下电线杆的编号。在日本，如果电线杆干扰汽车的出入线路，可以考虑重新安置电线杆。如果想将道路上的电线杆移至场地内，相关部门很可能会免费帮助转移。

日照和视野

请找找用地周边可以活用的东西吧。比如用地内外的树木、开放的空间、视野开阔的方位等。如果隔壁邻居房屋重建的可能性很小，那么邻居的庭院也值得思考一下。即使在建筑密集的地区，只要仔细观察，就能发现值得好好利用的地方。设计过程中注意考虑空间和开阔的视野，即使在建筑密集的地区，也能收获宽敞又舒适的空间。绘制周围建筑的日照阴影图有助于了解日照的情况，观察太阳的位置有助于确定日照的情况。预先在手机上安装好名为"Sun Seeker"的应用程序，有助于你在现场确认太阳运行轨迹。

反之你也必须注意一下需要回避的东西，例如邻居的窗户。大致测量建筑的位置，建筑与分界线的距离，窗户和后门的位置，避免出现两家人透过窗户直接看到对方的情形。在建筑密集的地区，若窗户距离分界线不足1米，你应该确认一下是否安装磨砂玻璃或压膜玻璃等。

除此之外，你还要注意公寓阳台和公共走廊的视线，空调室外机、热水器、外置储物柜等影响视野的因素。

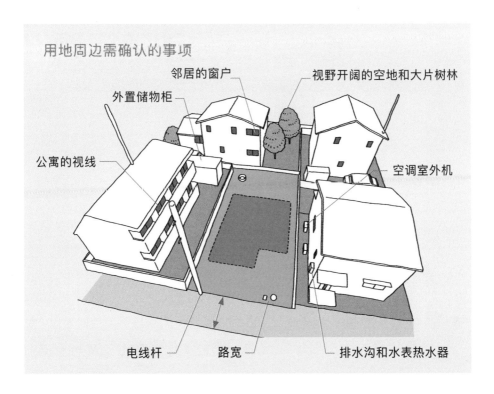

用地周边需确认的事项

邻居的窗户 — 视野开阔的空地和大片树林

外置储物柜

公寓的视线 — 空调室外机

电线杆 — 路宽 — 排水沟和水表热水器

⠿ 用地地质

　　如果地质状况不好，挡土墙和条形基础的基地通风口容易开裂，甚至道路会出现波状凸起。**如果在网上查到当地地质情况不佳，一定要去现场确认。**

　　照片上看不出来的信息必须去现场确认，如噪声、气味、街道的亮度、交通流量、行人通行情况等。有时这些信息会直接左右建筑的样式。例如，光线偏暗且过往人流较少的地方需要提高门和窗的防范性能，若噪声过大，可以安装双层窗户或使用气密性高的窗框等。

译注：
1. 旗杆地指由连接主干道的支干道与支干道旁的建筑用地构成的类似旗子和旗杆形状的地块。

3. "致电相关政府部门"能解决八成法律问题

⋮ 电话咨询足以了解分区规划情况

设计之初首先需要完成建筑体量的计算。要想完成这项任务，你必须掌握适用于不同用地的法律法规。

计算体量所需的城市规划信息，基本上打电话就能获取。只要打电话给政府相关部门的城市规划科，告诉对方："我正计划建造一栋住宅，我想了解某地区（详细地址）的分区规划情况……"工作人员会口头回复你该建设地点的土地使用性质、建筑密度、容积率、日照标准、防火规范等城市总体规划信息。

不过工作人员会认为你是建筑或房地产行业从业人员，会以相当快的语速说完，所以还没习惯这种语速时，最好事先到当地政府网站上了解一下主要的城市规划信息。现在日本各地方政府的网站上都有"城市规划信息"或"城市规划图"，方便所有人浏览城市规划信息。需要预先调查的所有细节，请参照下面列出的检查表。

另外，电话咨询时通常需要给对方提供详细地址（街路门牌号）。而刚出售的土地通常不会在传单上注明具体地址，而多采用登记时使用的"地号"（土地编号），所以打电话咨询前，先在日本 ZENRIN 公司出版的住宅地图和雅虎地图（显示的住址比谷歌地图更详细）上确认详细地址。

预先调查检查表

土地基本信息

- ·场地地址 _____
- ·地号 _____
- ·土地类别 □ 住宅用地 □ 其他 ( )
- ·权利 □ 所有权 □ 租赁权（□ 旧法 □ 新法 □ 定期租赁）
- ·场地面积 实测 m² 公告 m²

土地基本信息

- ·城市规划地区 □ 城市规划地区 □ 城市规划调整地区 □ 放宽规定
- ·使用功能分区 □ 1低层 □ 2低层 □ 1中高 □ 2 中高
  □ 1类住宅 □ 2类住宅 □ 半住宅 □ 近商 □ 商业
  □ 半工业 □ 工业 □ 工业专用
- ·建筑密度 建筑密度 % 拐弯处放宽 % 消防放宽 %
- ·容积率 容积率 % 前方道路的容积限制（宽度 ×0.6 或 0.4） %
- ·绝对标高 建筑基准法 m 其他 m（根据 ） □ 无指定
- ·用地面积的最小限制 _____ m² 放宽标准 □ 无指定
- ·后退 道路侧 m 邻地侧 m（根据 ） □ 无指定
- ·道路斜线 L 适用距离 m □ 无指定
- ·邻地斜线 升高 m ＋斜度 ×L 适用距离 m □ 无指定
- ·北侧斜线 斜度 ×L □ 无指定
- ·高度斜线 类高度 限制内容 m ＋斜度 ×L □ 无指定
- ·日照规范 (□ 层高 □ 建筑高度) m 以上
  或楼层数为 时需修改 □ 无指定
  5m 小时 10m 小时 测定面 m
- ·中高层条例 □ 无 □ 有
- ·天空率
- ·L 形场地限制 场地扩展部分 宽度 ( ) m 长度 ( ) m 限制内容 ( )
- ·防火限制 □ 防火 □ 准防火 □建筑基准法第 22 条
  □ 新防火限制 □无指定

土地基本信息

- ·规划道路 □ 无 □ 有 内容：(都市计划法第 53 条许可等)
- ·地区规划 □ 无 □ 有 内容：
- ·建筑协定 □ 无 □ 有 内容：
- ·土地区划调整区域 □ 无 □ 有 内容：(第 76 条申请其他)
- ·再开发区域 □ 无 □ 有 内容：
- ·风景区 □ 无 □ 有 内容：
- ·住宅建造法监管区域 □ 无 □ 有 内容：
- ·文化财产埋藏地 □ 无 □ 有 内容：
- ·绿化相关 □ 无 □ 有 内容：
- ·山体滑坡危险区域 □ 无 □ 有 内容：
- ·泥石流灾害危险区域 □ 无 □ 有 内容：特殊指定警戒区（□有 □无）
- ·开发许可 □ 无 □ 有 内容：(都市计划法第 29 条许可其他)
- ·城市化调整区域许可 □ 无 □ 有 内容：
- ·其他 □ 无 □ 有 内容：

道路相关

- （　　）侧　　　□ 公共道路（□ 国道 □ 省道 □ 市道 □ 认定外道路）
  　　　　　　　　□ 私人道路（指定位置 □ 有 □ 无）
- 法规条例　　　号道路 宽度（□ 认证 □ 实测）　m～　m 评定图（□ 有 □ 无）
- （　　）侧　　　□ 公共道路（□ 国道 □ 省道 □ 市道 □ 认定外道路）
  　　　　　　　　□ 私人道路（指定位置 □ 有 □ 无）
- 法规条例　　　号道路 宽度（□ 认证 □ 实测）　m～　m 评定图（□ 有 □ 无）
- （　　）侧　　　□ 公共道路（□ 国道 □ 省道 □ 市道 □ 认定外道路）
  　　　　　　　　□ 私人道路（指定位置 □ 有 □ 无）
- 法规条例　　　号道路 宽度（□ 认证 □ 实测）　m～　m 评定图（□ 有 □ 无）
- 狭窄道路申请 □ 无 □ 有　方法（　　　　　　　　　　　　　　　）
- 适用第 43 条特殊道路的手续　□ 无 □ 有　　　　方法（　　　　　　）

基础管线相关信息

- 公共下水道　　公共下水（□ 合流式 □ 分流式 □ 中央净化槽式）
  　　　　　　　净水槽（□ 需要 □ 不需要）
- 污水　　　　　　侧道路 主管直径　　　mm 接入管直径　　mm □ 不接入
- 雨水　　　　　　侧道路（□ 主管 □ U 形管）管径　　　mm
  接入管直径　　　mm　□ 不接入
- 雨水浸透限制 雨水渗透限制（□ 有 □ 无）溢水流道（□ 可 □ 不可）
- 供水　　　　　　侧道路 □ 主管直径　　　mm 接入管直径　　mm □ 不接入
  水压　　Pa 上限水栓数　　个 增压泵：□ 需要 □ 不需要
  蓄水池 □ 需要 □ 不需要
- 管道煤气　　　　侧道路 □ 主管直径　　　mm　接入管直径　　mm
  □ 不接入 □ 液化气
- 电线　　　预定接入方向　　　　　　　　侧
- 光纤　　　□ 有（公司名　　　　　　　）□ 无（　　　　　　）
- 有线电视等　□ 有（公司名　　　　　　　）□ 无

基础管线相关信息

- 现有房屋　　　□ 无 □ 有（房龄　　年 规模　　m²）
- 地块内高低差　□ 无 □ 有（高低差　　m　　确保安息角（□ 可能 □ 不可能））
- 道路的高低差　□ 无 □ 有（高低差　　m　　确保安息角（□ 可能 □ 不可能））
- 地块内挡土墙 □ 无 □ 已申请的挡土墙（许可证号：　　　　　　　　）
  □ 钢筋混凝土挡土墙 □ 花岗岩挡土墙 □ 砖砌挡土墙
  □ 不详（　　　　　　）　高度　m 排水孔（□ 有 □ 无）
  排水孔（□ 有 □ 无）裂缝、位移、撞击等（□ 有 □ 无）
  重建挡土墙（□ 易 □ 难）
- 车辆通行　　　□ 良 □ 差 障碍物（　　　　　　　　　　　　　　）
- 旗杆地宽度　　□ 非旗杆地 □ 旗杆地（地块延伸部　宽　m 延伸　m）
- 地质状况　　　GEODAS 地质状况 □ 松软 □ 良好 □ 不详 □ 其他（　　　）
- 地质改善难易程度　□ 易 □ 难（需考虑车辆通行，重型机械移动等）
- 施工期间停车场　付费停车场（□有上限　□ 有 □无）其他停车场（　　　）
- 排水边沟高度　　□ 低于 3cm　□ 高于 10cm
- 边界桩　　　　□ 无 □ 有 □ 部分有（类型和位置　　　　　　　　）

⋮ 先问清楚"高度斜线"和"防火规范"

电话咨询时必须问清楚"高度斜线"和"防火规范"（包括防火区域和准防火区域等）。两者同建筑密度和容积率一样，会很大程度影响建筑规模和资金计划。

高度斜线比北侧斜线更严格，甚至会影响 2 层建筑的屋顶形状。由于每个地区的高度斜线规定不同，咨询时顺便确认好"起始高度和坡度"。

防火规范会影响建筑成本。据说木结构建筑如果处于准防火区域，仅窗户的预算将增加大约 100 万日元。而且大小也有限制，很难设计大窗户。在住宅密集地区，除了要遵守一般的防火区域和准防火区域的规定外，有时还需要遵守"新防火规范"。如果按照新防火规范施工，多数情况下建筑需要达到准耐火建筑的级别。此外，即使所在街区不受防火和准防火规范的限制，也有可能是"法律第 22 条指定区域"。这种情况下外墙不能使用木材，所以务必要确认清楚。

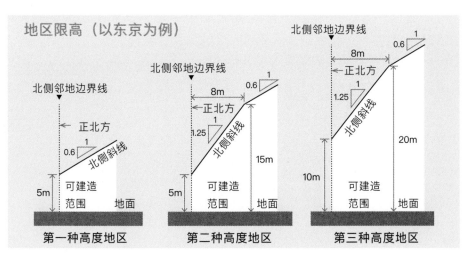

CHAPTER 3　第 3 章 初次现场调查与听取客户需求

预留半天时间拜访相关政府部门

虽然打电话就能获取大致的城市规划信息，但"道路""供水系统""文化遗产"等信息，必须亲自去相关部门咨询才能知道，因此，无论如何你都要拜访相关部门。尽早去拜访各个部门吧。

另外，如果目标科室只有一个，那很快就能完成，但很多情况下与供水相关的科室都设在其他单独的建筑中。**所以去相关部门咨询需要花费半天时间，你需要预留充足的时间。**

在城市规划科先重新确认一遍电话咨询的内容

到达政府办事大厅后，首先要拜访城市规划科。再确认一遍之前电话咨询时得到的信息，再咨询清楚建筑所在地是否有区域限制，如城市规划设施（如规划道路等），风景区，区域规划，建筑协议，区划整理，绿化等。特别要问清楚提交报建资料外，是否还需要提交其他特殊资料。具体要咨询哪些内容，你可以参照106 页的确认清单。

在城市规划科一并咨询清楚负责这些手续的科室，及其所在办公楼的名称、楼层、地点等，会节约很多时间。

如果用地面积小，务必确认用地面积的最小限制及处理方法。用地面积的最小限制，不仅建筑标准法中有明确规定，有时在地区规划规范中也有说明。一般来说，如果在"用地面积的最小限制"规范执行前完成土地分割登记（将面积较大的土地划分为多个小块土地以便交易或转让所有权的登记），大都会允许再建。

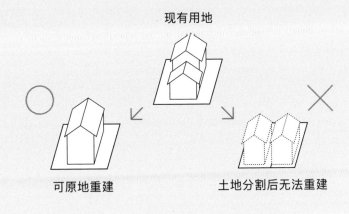

不符合"用地面积最小限制"规范的用地处理方法

现有用地

可原地重建　　　　　土地分割后无法重建

⋮ 走访相关科室确认报建前需完成的手续

到下一个科室明确报建前需要准备哪些手续。报建前需履行的手续很多，如确认道路是否为狭窄道路，确认区域规划、土地划分调整法第 76 条、城市规划法第 53 条（规划道路内的建筑物）、住宅建造法、风景区、文化遗产等规范的限制。每项的主管科室各不同。凡涉及以上项目，通常需要在提交报建资料前进行审查。其中某些项目只需准备一份文件和几张图纸，难度较低，但若不认真，会导致没有按时办理和提交申请，很可能会推迟报建几个月，所以要引起足够的重视。为了方便详细确认各项规范，不要忘记跟主管科室要一份上面写有具体内容和办理程序小册子或流程表。

即便是普通住宅，如果报建前没有做好咨询，也存在无法正式报建的情况。有些地区需要提前两周预约咨询，这点也要引起注意。

报建之外的特殊手续

申请时期	申请内容	主管科
报建前	☐ 报建前咨询	建筑科
	☐ 狭窄道路的申请	
	☐ 中高层建筑的申报和标识设置	
	☐ 适用于第43条特殊道路的申请	
	☐ 悬崖条例，山体滑坡地区登记	
	☐ 区域规划的申报	城市规划科 / 城建科
	☐ 规划道路内第53条许可申请	
	☐ 风景区的申请	
	☐ 报建前咨询	开发科
	☐ 城市化区域调整的申请	
	☐ 关于住宅建造法的咨询和申请	
	☐ 绿化规划的手续	绿化、公园科
	☐ 雨水渗透设施的申请	污水处理科
	☐ 农业用地转用手续	农业委员会
	☐ 文化遗产的事先咨询和申请	教育委员会
	☐ 区划整理法第76条申请	区划整理科
	☐ 建设协议的咨询和申报	协议运营委员会
报建同时	☐ Flat 35 贷款适用住宅的申请	建筑科，指定审核单位
	☐ 长期优良住宅的申请	
	☐ 认定低碳住宅的申请	
报建后	☐ 各类补助金的申请	主管科室
	☐ 各类设置报告和完工报告	
	☐ 树篱补助	

Flat 35 贷款适用住宅，长期优良住宅、认定低碳住宅等的申请，可以与报建材料同时提交。准备文件资料需要花费一定时间，如果打算提交这类申请，最好尽早着手准备。

报建等相关手续的流程

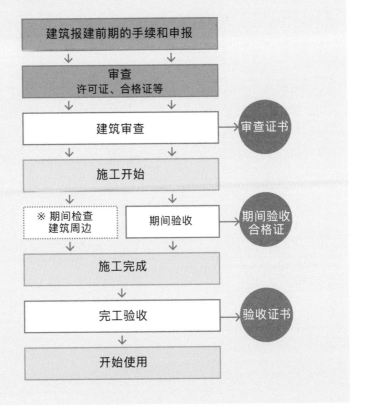

建筑报建前期的手续和申报

↓

审查
许可证、合格证等

↓

建筑审查 → 审查证书

↓

施工开始

↓

※ 期间检查
建筑周边 　　期间验收 → 期间验收
合格证

↓

施工完成

↓

完工验收 → 验收证书

↓

开始使用

　　若在文化遗产埋藏地（可能出土文化遗产的地区）内建造，需要在报建前进行申报。通常无法通过电话确切打听到埋藏地的指定区域，所以务必要去主管部门（教育委员会等）查阅主管部门绘制的地图。

　　若项目确实处在埋藏地内，一定要问清楚放宽规定（因住宅地基不会太深，有时会被允许按照申报方案进行施工。若需要改良地质，也需提前进行咨询）、现场施工的方法（有时主管部门会要求试挖或者建设地基时到场监督）及出土文化遗产的工期和费用负担（通常私人住宅不会被要求承担调查费用，但是挖掘和调查会推迟施工日期）。

⋮ 在道路相关科室需咨询的事项

建筑物用地与宽大于 4 米的道路之间的"连接道路",其宽度应该超过 2 米,这是日本建筑基准法中最重要的规定之一。

即使看起来是一条道路,但不符合建筑基准法中"道路"的定义,主管部门通常也不会允许建造房屋,所以在道路相关科室咨询时必须要确认清楚是否为法律认定的道路,而且涉及道路种类,所有划分,管理划分,认定图(审定图)等复杂又微妙的问题很难在电话里讲清楚,**因此到相关部门咨询的主要任务就是确认连接道路的问题。**

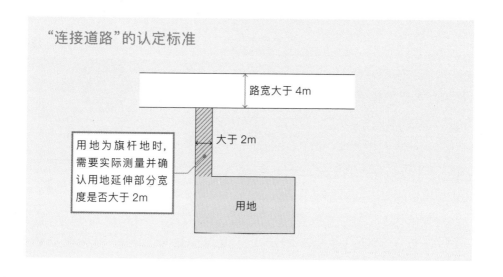

"连接道路"的认定标准

路宽大于 4m

大于 2m

用地为旗杆地时,需要实际测量并确认用地延伸部分宽度是否大于 2m

用地

如果是符合道路法规定的宽度大于 4 米的公共道路(日本建筑基准法第 42 条第 1 项 1 号道路),则无须担心。仅需要确认道路种类、道路名称、认定宽度并记录下来,再确认好道路边界,就能完成"边界认定图"。如果是位置指定道路(日本建筑基准法第 42 条第 1 项 5 号道路),只要事先完成认定图,报建就不会有问题。

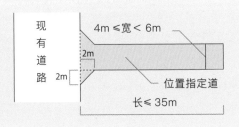

位置指定道路

路宽不足 6m, 延伸部分不足 35m

现有道路

4m ≤ 宽 < 6m

2m

2m

位置指定道

长 ≤ 35m

4m ≤ 路宽 < 6m, 一端连接现有道路, 延伸部分不足 35m

⁝ 狭窄道路和特殊道路

　　如果道路宽度不足4米, 请确认它是否会被认定为"狭窄道路"（日本建筑基准法第42条第2项道路）。大多数情况下, 只要在报建前先申请"狭窄道路", 则可确定道路边界线的后退距离, 就可以通过报建了。

　　如果不符合道路法认定的道路, 不属于位置指定道路或狭窄道路其中之一, 就需要调查是否属于特定行政机关在一定条件下允许颁发许可的"第43条第1项特殊道路"。如果适用, 报建也会通过, 不过申请程序相当复杂, 所以最好事先确认一下申请的难易程度以及所需时间。

⋮ 在供水相关科室需确认的事项

原则上讲，接入供水管道的费用由客户承担。清除道路沥青，再重新铺装会产生相当大的费用。不同的主导管直径、接入距离、修复道路的宽度、通行量等会导致接入费用有所不同，不能一概而论，通常在 50 万～ 100 万日元之间。

为了避免接入供水管道时出现麻烦，供水科（水务局）也不会电话告知你具体情况，所以你必须去水务局一一确认清楚管道的直径、种类、路线和水表的位置等。

即使现有住宅已经接入供水管道，若管道口径或种类不符合标准，重建时现有管道无法直接使用。通常两层建筑的接入管道直径为 20 毫米，如果现有管道直径是 13 毫米，则需要重新铺设管道。另外，如果管道直径满足要求，但接入管道是过于陈旧的铅管或铁管，也需要更换。

如果是狭窄道路，会出现必须后退的情形，因此需要检查水表、水阀的位置。水表若在道路内，需要移到住宅用地范围内。停用现有管道且移动水表需花费约 10 万日元。

最需要引起注意的情况是，用地前方道路是私人道路且管道过细。私人道路内的管道和邻居公用，且不能加粗，则必须从公共道路接入管道。这项工程约花费 10 万日元。

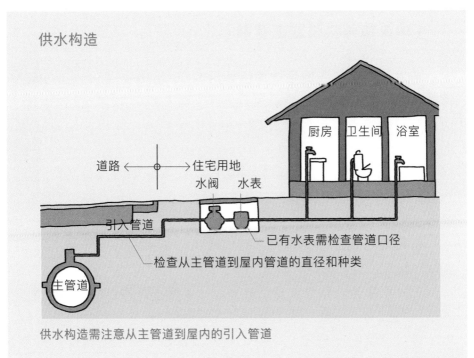

供水构造

道路 ←———→ 住宅用地

水阀　水表

厨房　卫生间　浴室

已有水表需检查管道口径

检查从主管道到屋内管道的直径和种类

引入管道

主管道

供水构造需注意从主管道到屋内的引入管道

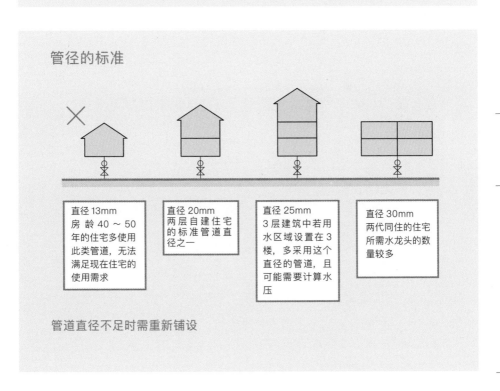

管径的标准

直径 13mm
房龄 40 ~ 50 年的住宅多使用此类管道，无法满足现在住宅的使用需求

直径 20mm
两层自建住宅的标准管道直径之一

直径 25mm
3 层建筑中若用水区域设置在 3 楼，多采用这个直径的管道，且可能需要计算水压

直径 30mm
两代同住的住宅所需水龙头的数量较多

管道直径不足时需重新铺设

在建筑指导科获取概要书

去建筑指导科获取用地周围建筑的"建筑概要书"。也许过去的数据资料已经破损，但只要还能找到，就可以跟建筑指导科申请副本。再结合现场调查获取的实际测量数据，就可以相对准确地掌握邻居住宅的体量。

另外，你还可以在建筑指导科的结构主管部门浏览当地的地质数据（指示地质坚硬度的 N 值和土质资料），并确认 N 值、土质、地下水位等。

如果房屋顶部有面积较大的储物和收纳空间[1]或阳台，请事先询问建筑指导科如何计算面积[2]。

房屋顶部储物和收纳空间的面积限制和高度限制全日本通用，高度不得超过 1.4 米，不过，房屋顶部储物和收纳空间的形状、是否可以设置固定楼梯、收纳空间内设置窗户的限制等项目，不同地区有不同的规定。即使在东京都内，有些地区对剩余空间的空间形状有所限制，有些地区则禁止在剩余空间内安装空调。

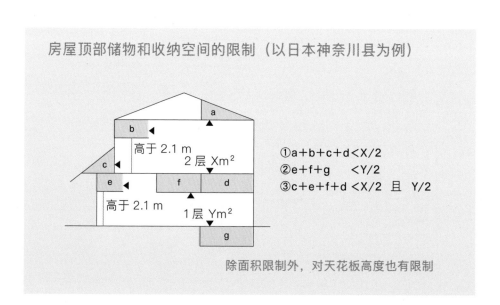

房屋顶部储物和收纳空间的限制（以日本神奈川县为例）

高于 2.1 m
2 层 Xm²

高于 2.1 m
1 层 Ym²

①a+b+c+d<X/2
②e+f+g　<Y/2
③c+e+f+d<X/2 且 Y/2

除面积限制外，对天花板高度也有限制

如果有明确规定，你也可以到政府认证的私人指导机构获取相关的信息。到私人指导机构咨询前，先翻阅当地行政机构指定的标准集比较好。

　　同样，若有阳台，也需要确认清楚格栅地板是否需要计入建筑面积和楼面面积。

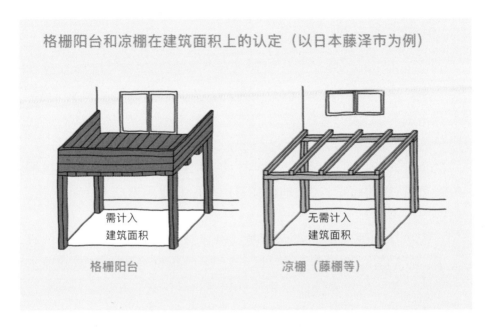

格栅阳台和凉棚在建筑面积上的认定（以日本藤泽市为例）

需计入
建筑面积

格栅阳台

无需计入
建筑面积

凉棚（藤棚等）

译注：
1. 天花板和屋顶之间的收纳空间，类似西洋建筑里的阁楼。
2. 在日本通常计算建筑面积时不计入阳台、阁楼等，若超过一定限度，则需计入建筑面积，所以需要提前咨询建筑面积的计算方法。

4. 知道哪里需要花费多少钱

⁝ 提出资金计划

大多数客户都是第一次建造房屋。即使从一开始就决定委托设计事务所，但绝大多数人对资金计划没什么概念。如果预算不足，设计无法实现，因此第一次和客户沟通时，我会问清楚建筑的预算，预计的规模，现有资金，欲办理贷款的种类及金额，还款金额等，并就预算的分配或不足提出建议。**这时并非只是告知客户建筑相关的费用，还要将贷款、土地相关费用等所有费用做成 Excel 表格，供客户参考。**

资金计划通常由事务所负责人制定，其实只要用 Excel 做好模板，改动其中的贷款利率和每平方米的单价等条件就能计算出大致的金额，所以建议你和领导商量后试着制定一份资金计划。

下面我举个例子，假设客户现有资金约 700 万日元，预计贷款约 4500 万日元，欲在价值 2000 万日元的地块上建造约 100 平方米的住宅，计算一下所有费用。

⁝ 贷款相关费用

贷款相关费用包括住房贷款和融资，信用住宅寿命保险和抵押权设定的登记费等。

其中金额相对较大的是住房贷款担保费（使用 Flat35 贷款时称为手续费），**贷款额度较大时，利息和手续费也较多。**

贷款相关费用清单

住房贷款相关费用		金额（日元）	消费税（8%）	总额（日元）
融资手续费	使用Flat35贷款：乐天Flat35S 1.08%	486,000		486,000
住宅贷款担保费	银行贷款：1000万日元（35年还清）需约20万日元	0		0
贷款收入印花税	消费贷款2万日元 银行转账200日元	20,200		20,200
融资手续费	乐天	108,000		108,000
融资利息	按照前11个月土地费的9/10，后6个月建设费的1/3，最后3个月建设费的1/3估算（利息按2.67%计）＊	598,269		598,269
融资收入印花税	土地2万日元 初次建房1万日元 第二次建房1万日元	40,000		40,000
信用住宅寿命保险费	使用Flat35贷款：每1000万日元358.00日元	161,000		161,000
抵押权设置登记费	司法代书人等报酬	31,000		31,000
获取相关文件登记	取消临时登记，户口登记，印章证明，登记事项证明，户口副本	6,000		6,000
注册执照税	贷款，融资额的0.1%	45,000		45,000
			小计	4,495,569

＊临时融资贷款的利率按照 2.67% 计算。

在设计事务所估算贷款相关费用时，可以先以 Flat35 贷款大致估算一下。

另外，你也要跟客户说明使用临时融资贷款的具体内容。如自建住宅，通常购买土地或施工期间需要一些资金（向施工公司付款常采用分期付款的形式，分别在签订合同、上梁仪式时支付一定费用，每期约支付整个工程款的 1/3 ~ 1/4），这时会用到"临时融资贷款"。有些金融机构不提供临时融资贷款，所以必须慎重选择贷款机构。

⁝ 土地相关费用

土地相关费用包括土地本身的费用、中介手续费、登记费和税金等。中介手续费基本上是固定的，不难计算。在这个案例中，我按照土地购置费用的 5% ~ 6% 计算了中介手续费。

贷款相关费用清单

土地购置费用		价格(日元)	消费税(8%)	总额(日元)
土地价格		20,000,000		20,000,000
中介手续费		660,000	52,800	712,800
购买合同印花税		10,000		10,000
所有权转让登记	司法代书人等的报酬	43,000		43,000
注册执照税	15/1000 或 20/1000	280,000		280,000
土地房产购置税	有减轻办法，大都免税	0		0
公共税费(固定资产税等)	城市规划税,固定资产税按日计算(空地,半年)	98,000		98,000
			小计	21,143,800

建筑相关费用

建筑相关费用包括建筑本身的工程费、设计管理费、各类申请手续费、火灾保险、建筑物登记费用等。

住宅的规模务必在你和客户商量后再决定，在能够接受的范围内尽可能小一点会比较好。在此基础上乘以每平方米的单价，就可以确定基本预算（事务所每平方米的平均单价是由建筑基准法规定的使用面积和施工面积合并计算得出的数字）。

参照之前做过的各类调查，再加上挡土墙，旧房拆除，给排水的引入，防火窗，外构费用等个别需要附加的费用。地质改良预计会增加 70 万～ 100 万日元。

火灾保险以 10 年火灾，5 年地震的保险费用计算，按 30 万日元计入。

在具体案例中，建筑相关费用按照建筑本身工程费的 1.2 倍计算。

建筑相关费用的明细

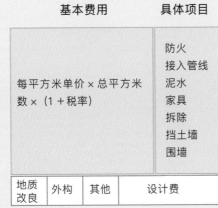

建筑本身工程费	基本费用	具体项目
	每平方米单价×总平方米数×（1 ＋税率）	防火 接入管线 泥水 家具 拆除 挡土墙 围墙
	地质改良　外构　其他	设计费

约建筑本身施工费的
20% ～ 30%

建筑相关费用清单

土地购置费用		价格(日元)	消费税(8%)	总额(日元)
建筑本身工程费	单价×总平方米数(按经验预估)	21,900,000	1,752,000	23,652,000
地质改良	一开始预估好	700,000	56,000	756,000
外部施工	含停车场地面铺装,不含围墙	300,000	24,000	324,000
建筑合同(印花税)		10,000		10,000
给排水引入	需确认	0	0	0
两代同住住宅补贴		0	0	0
准防火区域窗户补贴		0	0	0
挡土墙、深基础		0	0	0
旧房拆除		0	0	0
狭小地块,旗杆地补贴	延长管道,脚手架,小型运输	0	0	0
地块外围的围栏	照实际需求计入	0	0	0
其他需求	地暖,泥水内外装,传统浴室等	0	0	0
设计费		2,700,000	216,000	2,916,000
报建手续费		40,000		40,000
期间验收手续费		20,000		20,000
竣工验收手续费		40,000		40,000
Flat35贷款文件制作费		50,000	4,000	54,000
贷款物件检查手续费		100,000	8,000	108,000
结构设计费		0	0	0
狭窄道路的申请		0	0	0
城市规划法第53条的申请	按照实际需求计入	0	0	0
风景区申请		0	0	0
偏远地区交通费		0	0	0
火灾保险费和地震保险费	部级准耐火 火灾保险10年 地震保险5年	300,000	—	300,000
标题登记(不需要登记许可税)	土地和建筑调查员报酬	80,000	—	80,000
保存登记	司法代书人报酬	20,000	—	20,000
保存登记注册税	建筑评估价格(施工费×60%)×0.15%	19,710	—	19,710
房地产购置税	建筑购置金额(评价金额−1200万日元)×3%	0	—	0
			小计	28,339,710

其他费用

　　其他费用包括窗帘、空调、照明、家具的费用，祭祀费用，搬家暂住费用等。虽然客户是用每月的工资负担其他费用，但还是先列出清单方便客户做好准备。

其他费用清单

其他费用		价格（日元）	消费税（8%）	总额（日元）
窗帘、百叶窗		200,000	16,000	216,000
空调		300,000	24,000	324,000
照明		100,000	8,000	108,000
用水分担金额	（另计）	0	0	0
家具	（另计）	0	0	0
奠基仪式	（另计）	0	0	0
上梁仪式	（另计）	0	0	0
搬家费	（另计）	0	0	0
临时住宿费	（另计）	0	0	0
			小计	648,000

5. 初次拜访客户时 "量个遍""问个遍"

拜访的目的

　　设计开始后，最好尽早拜访客户的住处。因为越了解客户的生活方式及出现的问题，越能明确新家应该实现哪些设计目标。拜访现有住处时务必拍照并保存，然后画出 1:100 的平面图，方便和新家做比较。

确认凌乱的状况

　　据我以往的经验，即使客户搬入新房，凌乱的状况也不会有多大改观。让人感到惋惜的是，这与收纳空间的大小并没有多大关联。东西多的人，入住新家后东西仍然会很多。不善于整理和收纳的人一定会寄希望于封闭的收纳空间，但把不用的东西收起来，既浪费金钱，又浪费空间，因此不妨建议客户在搬家前尽可能处理掉那些今后不再使用的物品。

　　如果客户的东西确实很多，那么室内装修需要尽量采用简洁的设计。如果采用结构胶合板或纹理很清晰的材料作为室内背景，会显得更加凌乱。

确认大型家具和家电

　　测量要带到新家使用的大型家具和家电的尺寸。如果大型家具和家电较多，最好要求客户列出大型家具和家电的尺寸（长 × 宽 × 高）清单。

拜访客户住处时，最好逐一将清单上的家具和家电拍照，并确认开关方式和操作尺寸。

除冰箱和洗衣机外，还需要测量微波炉和钢琴等的尺寸。

⋮ 把握收纳量

将待收纳的物品分为衣物、鞋子、书籍和其他物品，并计算每一类将占用多大的空间。衣物又分为用衣架悬挂的衣物，收入抽屉的衣物，存放在收纳盒的衣物等。可挂衣物需要测量衣服悬挂好时的总宽度，抽屉和衣物收纳盒则需要计算体积，鞋子需要计算排列好时的总宽度，书籍需要测量按开本大小排列好时的总厚度。

除此之外，别忘了摆在室外的物品。车库和室外库房经常会放置相当多的东西。

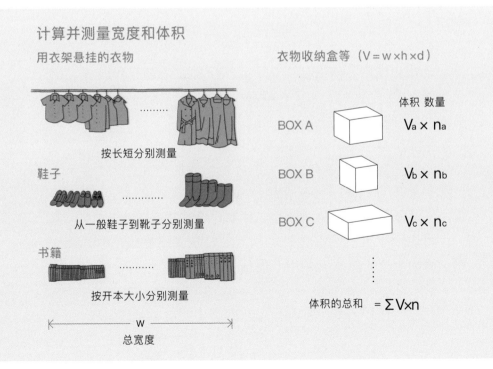

计算并测量宽度和体积

用衣架悬挂的衣物

按长短分别测量

鞋子

从一般鞋子到靴子分别测量

书籍

按开本大小分别测量

w
总宽度

衣物收纳盒等（$V = w \times h \times d$）

体积 数量

BOX A $V_a \times n_a$

BOX B $V_b \times n_b$

BOX C $V_c \times n_c$

体积的总和 = $\sum V \times n$

⋮ 听取基本要求

　　大致了解客户的生活方式和收纳容量后，接下来要听取一下客户的基本设计诉求。

　　下面我列出了最容易限制设计方案的几个因素，虽然非常重要，但如果设计被限制得太死，住宅很可能变得无趣，所以口头问问客户的基本需求，然后整理成文字就足够了。

停车场

　　如果场地狭窄，停车场是最大的限制因素。你需要问清车辆台数、停车方式（直角停车或平行停车）、车型、开车频率等。如果有可能换新车，最好确认一下现有车辆还计划开多久。

家庭人数和生活特征

　　家庭构成很大地影响了住宅的规模和动线。首先问好哪些人将搬入新居。如果父母经常会来住，客户是考虑安排一个专门的客房，还是利用 LDK 的一部分，这些要提前和客户商量并确认好。

功能和使用方便程度

　　LDK 设置在 1 楼还是 2 楼是个大问题，浴室和卧室也如此。事先打听好客户对楼层设置的偏好。

　　如果了解到客户非常关注家务动线，先询问一下是否需要食品储藏室，如何看待晾衣间、洗衣机和收纳空间之间的关系，喜欢哪种安排方式便于日常使用。别忘了跟客户确认卧室是采用榻榻米，还是放置床铺，对被褥收纳有什么想法。

　　打听一下客户现在住处的情况，你一下子就能发现现存的问题，有助于提高新居的使用方便程度。

性能

抗震和隔热通常另行设计，即使客户提出相关要求，也不会对房屋设计产生很大影响，但为了提高客户的满意度，不妨听取一下各位家庭成员对温热的个体感觉差异，以及当前住宅的冷热、结露状况。

风水和宗教的讲究

如果客户家中设有佛龛或神龛，要特地问问他们宗教和风水的讲究，比如预先确认设置佛龛的方位。

6. 用剪贴簿提炼客户的真正需求

⫶ 舒适又愉快的家

简单地说，客户委托设计事务所进行设计，无非是想要一个"让自己和家人住得愉快的家"。

因此，设计者应该知道客户家庭与其他家庭不同的家庭特征和个性。

不过，客户在向设计师描述自己心目中的新家时，不想失败的心情会油然而生。越认真的人，一开始越会给新家预设各种性能和功能，将实用性全部转化成固定的数值和文字描述。一旦先确定了数值和文字描述，反而约束了设计师的手脚，距离建造愉快之家的梦想越来越远。

为了实现最终目标"住得愉快的家"，不淹没在其他众多要求的大海里，真正弄清楚客户想要实现的愿景，我们应该怎么做呢？

⫶ 制作剪贴簿

如果只按照需求调查清单所列内容，逐一事无巨细地听取客户的诉求，既无法了解客户需求的优先顺序，也无法全面掌握客户的要求。客户向设计师传达"愉快的家"的抽象概念时，最好使用案例照片和插图。照片和插图可以传达数值和文字描述无法传达的微妙差别，传达难以用言语表达的喜好和需求。开始设计时告诉客户："请按自己的喜好做一本剪贴簿，并告诉我选择这些照片的理由。具体细节可以在设计过程中再商量，提出的要求也可以随时更改。"客户按要求完成这本剪贴簿后，你就能了解客户真正想要什么了。

另外，为了方便客户收集照片，也便于你形成设计概念，客户可以从事务所建成的案例中挑选一些照片，也可以从 Pinterest 等网站上收集优秀设计案例的照片。如果忽视设计概念，只考虑使用起来很方便或很好用，会收集到很多有生活气息的照片，实际上最终很难设计出"美观又愉快的家"。

剪贴簿

标注文字说明

Pinterest 网站上的照片

厨房

http://jp.pinterest.com/

125

⋮ 阅读剪贴簿的方法

　　客户制作的剪贴簿是一本视觉图像的合集，难免存在表达不清楚的地方，你可以一边翻看剪贴簿，一边向客户提问，征求客户对重要设计细节的意见。**丰富的照片能给人一种身临其境的感觉。**

⋮ 确定主题

　　首先要确定房屋设计的主题。对这个家庭来说，"愉快的家"是指什么样的家，是一个能促进家庭成员和睦相处的家，还是能感受到大自然的家，还是改变家庭生活的家，你要一边翻看客户收集的案例照片，一边把抽象的概念和主题具体化。**只要你感受到"房屋的功能和性能之外，对这个家庭来说最重要的是什么？"就表示你已经掌握了房屋设计的主题。**

⋮ 对造型和材料的偏好

　　翻看收集的照片，客户对造型、材料、配色的偏好会一目了然。看看建筑外观的照片，可以掌握客户对建筑造型的喜好。从以往跟客户打交道的经验来看，有人喜欢方形盒子，有人喜欢坡屋顶，这种喜好几乎不会发生改变，贯穿整个设计过程。你需要牢记各种斜线限制，掌握如何利用太阳光和太阳能的方法，实现客户喜欢的建筑造型。

剪贴簿

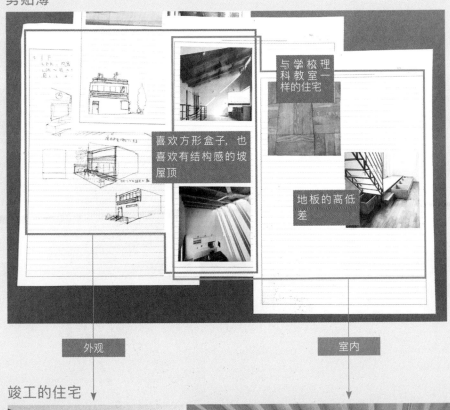

与学校理科教室一样的住宅

喜欢方形盒子，也喜欢有结构感的坡屋顶

地板的高低差

外观

室内

竣工的住宅

从正面看住宅呈方形，从侧面看能看到坡屋顶

错层的构造，天花板是表现结构的倾斜天花板。地板是像学校理科教室一样的拼接木地板

CHAPTER 4

第4章
实现更高水平设计的
七大简单法则

这章我将介绍操作简单，
又能提升建筑魅力的实战"秘技"。

1. 创建体量的关键在于 "矩形" "简洁"

外观采用长方体

现场调查，咨询相关法规后，接下来要做的是创建体量（确定建筑的大致轮廓）。尽可能找到符合法律规定的简单的立体形态。没有必要标新立异，排除所有随性的设计，只需要"简单地"画出轮廓。

最理想的形态是长方体。 用谷歌地图航拍模式查看街道两侧建筑的造型，或查看东西方的名作住宅，你会发现它们的平面都是由一个或多个矩形构成。**用长方体整合所有设计是正确解题的第一步。**

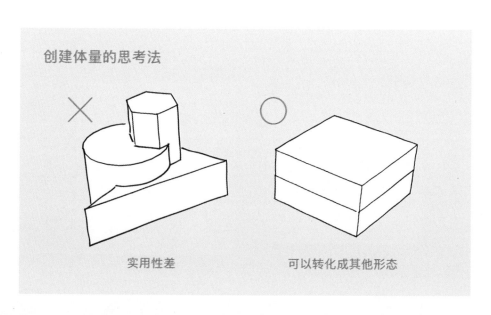

创建体量的思考法

实用性差　　　　　　　可以转化成其他形态

在简洁的长方体基础上，只要稍做修改就可以转化成多种形态各异的建筑体量。确定基础长方体时务必注意建筑的规模和比例。

⁝ 考虑成本后确定设计两层建筑

规划住宅时，先不要考虑其他限制条件，画出简单的体量，"矩形平面，两层住宅（或一层平屋）建筑，室内为面积不大的'nLDK'"。建筑整体规模由法律规范、居仕人数、事务所每平方米的平均单价决定。

这时没有必要详细琢磨室内布局，调查并参考一下住宅制造商开发的同等规模的住宅案例即可。先找到创建体量的标准答案就足够了。

⁝ 留意狭小地块上的停车位

如果地块较小，需要先规划停车场，再规划建筑物。如果土地面积不足 130 平方米，建筑外观通常由停车位决定，所以确定

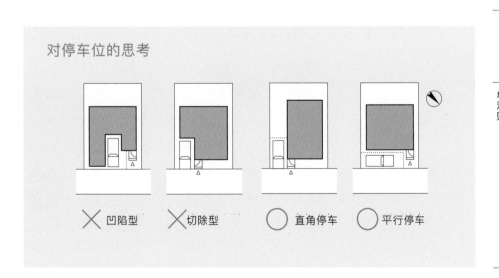

对停车位的思考

✕ 凹陷型　　✕ 切除型　　○ 直角停车　　○ 平行停车

建筑外观前先把停车场确定下来。最好采用"平行停车"的设计，尽可能不把建筑设计成 L 形。另外，一定要注意车和玄关的关系。"可以停车，但打不开房门，或者只能像螃蟹一样侧身进出"，这样的设计会产生很多麻烦。

斜线至少会影响两个方向

在市区建筑外观大多取决于建筑密度、容积率和斜线限制。这些都是决定建筑外观的重要因素，所以确定建筑外观前要先调查。如果用地方位偏离正方向，建筑本身至少会涉及两个方向上的北侧斜线和高度斜线。建筑新人往往容易在这些问题上出错。此外，特别要注意地理勘测图上的方位大都是磁北方向。

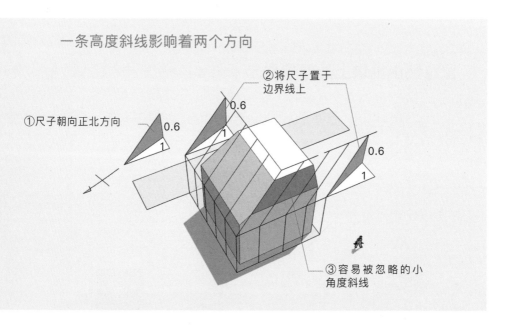

一条高度斜线影响着两个方向

①尺子朝向正北方向

②将尺子置于边界线上

0.6
1

0.6
1

0.6
1

③容易被忽略的小角度斜线

虽然斜线限制对建筑产生了制约，然而，因为隔壁地块也受到相同的斜线限制，对建筑来说也有好处。譬如，只要反过来利用高度斜线创造一个开阔的上层空间，即使在建筑密集的地区，也可以建造出光照充足的房子。

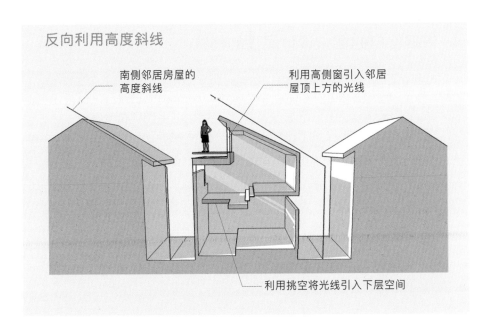

反向利用高度斜线

南侧邻居房屋的
高度斜线

利用高侧窗引入邻居
屋顶上方的光线

利用挑空将光线引入下层空间

　　此外，并不是说完全配合斜线限制的设计就好，是否配合仍需考虑后做出决定。过多的斜线会产生过多斜面，随之室内设计也会给人一种不安心的感觉。**建筑的外观要尽可能采用能给人安稳感的简单几何造型，比如在斜线限制内采用双坡屋顶。**

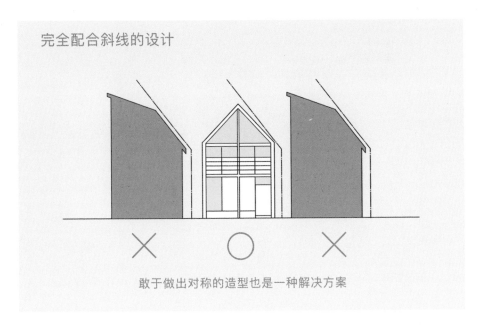

完全配合斜线的设计

X　　　○　　　X

敢于做出对称的造型也是一种解决方案

⋮ 依据客户的要求设计屋顶的样式

屋顶的样式大都依据客户的要求而定。客户对屋顶样式的喜好各有不同，有人喜欢坡屋顶，有人喜欢方形盒子屋顶。

还有其他许多样式，例如为了设计阁楼而抬升屋顶，或者为安装太阳能发电设备而将屋顶做成坡面。无论如何，一定要做出既符合法律规定，又满足客户需求的屋顶，并确定屋檐的飘出尺寸和角度。

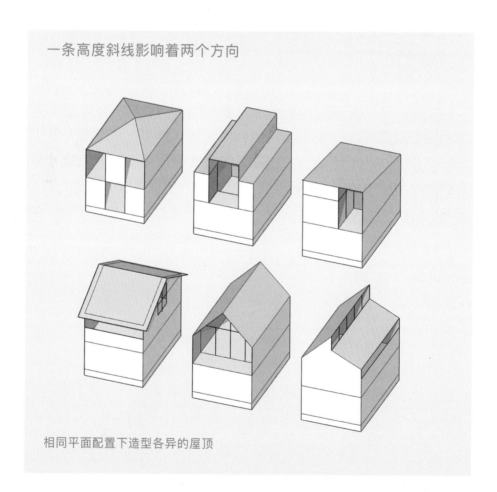

一条高度斜线影响着两个方向

相同平面配置下造型各异的屋顶

不同坡面组合而成的特殊屋顶。确保 2 层眺望视野的同时尽可能拉低屋檐，遮挡
夏季的太阳光线

2. 规划室内布局前先确定外观

⠸ 不要先考虑户型设计，后期再思考平面布局

完成体量创建后，大多数设计师会在这一阶段开始思考室内布局。

然而，先确定室内布局，再考虑屋顶和窗户，很难设计出有魅力的建筑。所以开始室内布局工作之前一定要完成外观设计。否则，建筑外观不确定，建筑的轮廓不确定，户型设计也无法进行。

以前住宅设计的顺序是从户型、窗户、屋顶到结构，**而我认为最理想的设计顺序应该是从外观、空间、构架（框架）到户型。**先确定好轮廓，创建出一个空白的空间，接着加上框架，最终确定户型。前后两种设计顺序完全相反，但是我认为后者才是能让建筑内容变得丰富的正确设计顺序。

✕　户型→窗户→屋顶→结构

○　外观→空间→构架→户型

用"中间区域法"确定外观

我在大学教住宅设计时要求学生"先从中间区域入手思考外观设计，千万不要先画户型图"。中间区域，是指兼具室内和室外双重特征的"走廊"或"露天咖啡厅"之类的空间。由于这门课要求学生必须完成整体剖面详图和结构图，我若不提出这样的要求，设计方案往往会趋于保守。经由我的指导，学生们短时间内就做出了很多形态各异的方案。

学生制作的模型

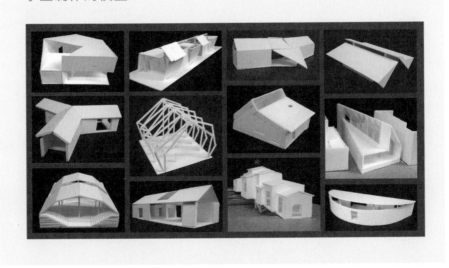

明明是设计建筑外观，我却要求学生"从中间区域开始思考"。之所以我会提出这样的要求，是因为假如我要求学生"从造型开始考虑"，他们会刻意追求外观的雕塑感，多采用圆形、三角形之类的没有依据，没有因果必然性的造型。

　　有魅力的建筑，毫无疑问，在室内和室外之间一定存在"兼具内外双重特征的魅力区块，即中间区域"。虽然这看起来是一种讨巧的做法，但如果把这个魅力区块作为提升建筑魅力的第一步，之后也无须为完善平面布局而绞尽脑汁。而且中间区域是室外和室内的过渡地带，后续工作进行起来也更顺利。

　　这种设计方法非常好用，为了方便记忆，下面我将它称为"中间区域法"。

　　如下图所示，中间区域法有多种形式。除此之外想必还有很多没呈现出来的中间区域，所以思考具体案例时，务必想想是否还有其他可行的中间区域。

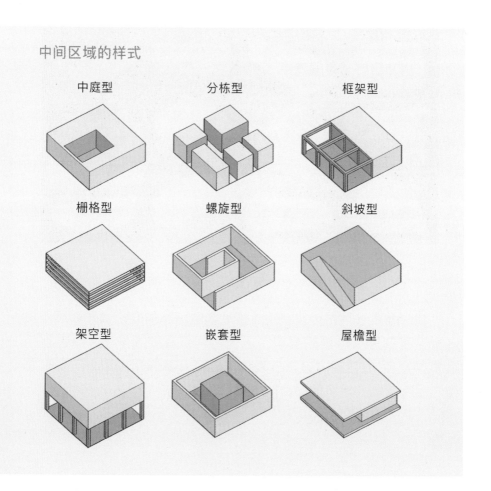

中间区域的样式

中庭型	分栋型	框架型
栅格型	螺旋型	斜坡型
架空型	嵌套型	屋檐型

你也可以组合几种样式的中间区域。例如，柯布西耶的萨伏伊别墅采用了架空型和中庭型相结合的方法，日本东京上野的西洋美术馆组合使用了架空型和螺旋型。不同样式的中间区域组合后会产生新的变化，如果你能独立思考出属于自己的中间区域，那将会是很赞的设计。

将建筑一角做成倒三角形创造出中间区域

3. 开口是"间户"，
　　而非"风眼"

窗口设计

对比设计事务所，施工公司和住宅制造商设计的住宅，最大的区别在于窗口设计。

如果用人脸来打比方，窗口的重要程度相当于眼睛或鼻子。甚至我们可以这么说，光看窗户就能看出建筑师的设计水平，所以窗口设计非常重要。即使像骰子一样的四四方方的房子，只要在窗口设计上下足功夫，就能和周围的商品化住宅形成明显对比。

施工公司和住宅制造商的一般做法是先决定户型，再确定窗口的位置。**但是如果想在满足功能需求的基础上确定外观，应该在考虑户型之前先考虑窗口。只要避免"在建筑正中开一扇推拉窗"，房子的表情就会发生很大变化。**

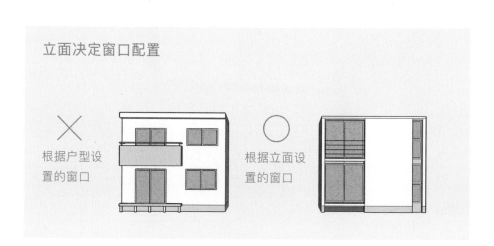

立面决定窗口配置

× 根据户型设置的窗口　　　○ 根据立面设置的窗口

间户

日本传统建
筑的开口

风眼

西方传统建
筑的开口

⋮ 窗的语源"间户"和"风眼"

　　日本传统建筑的开口是指仅保留梁和柱的构造而形成的建筑
形态。有人认为"开口是指柱与柱之间的'户[1]'",所以窗被称为"间
户"。

　　另一方面,西方建筑的开口是指在墙壁上打孔而形生的建筑
形态。"window"一词由 wind(风)的 ow(眼睛)组合而成,
也就是"风眼"。

141

完全通透的"间户"和打孔形成的"风眼"在大小和开放性上给人完全不同的感觉。**所以考虑设计开口时,我认为分别考虑"间户"和"风眼"这两种设计比较好。**

⋮ 利用"间户"营造通透感

即使不是柱梁结构,也可以剖开相邻的两面墙创建出"间户"。**用中间区域方法考虑外观时,"内外一体化"的大开口不妨采用"间户"的设计方法。**剖开相邻的两面墙设计出的"间户"能让空间瞬间开阔起来,将室外的风景、光线、风等引入室内,成功创造出中间区域。你还可以利用直达屋顶的全高度落地窗,打通墙角,地板和天花板的边缘将相邻的两面墙分割开。

窗口不妨采用"贯通"两端的设计方法。而且原则上"间户"必须要面向室外的开放空间。这样一来,室内会看起来更加宽敞。"间户"的室内区域可以设计成可供人们停歇、聚集的空间。

⋮ 统一设计"风眼"

倘若住宅的所有窗口都使用"间户",有助于营造整体感,但多数情况下,**小房间的窗户只能考虑使用"风眼"。**如果在建筑背面配置窗口,不需要有什么顾虑,而在正面尽量不要设计得太显眼,数量也尽量少一些,尺寸也尽量小一些。

如果遇到无法避免的情况,比如排列多个窗口,务必尽量统一"风眼"的形状。比如全部正方形、全部细长型、全部长方形等,只要风眼的形状得到统一,就不必太介意数量了。

"间户"的理想状态

贯通两端的窗口

在"间户"的室内区域设计供停歇、聚集的空间

统一设计的"风眼"

∶ "从多个方向""从上方"引入光线

    日本传统建筑的室内空间通常很昏暗。这可能与低屋檐有关系，或者因为开口常常全部集中在建筑南侧。

    如果开口集中在南侧，房屋中间区域以及北侧区域自然会显得昏暗，朝南墙壁的内侧空间也会偏暗。

    邻居住宅和窗口之间的关系也很重要。我们经常可以在市区看到这样的设计，南面的光线已经被隔壁房屋阻断，竟然仍旧在一楼的客厅前方开了一个大窗口。这样一来，不仅家中光线不足，整天还要面对着邻居的墙壁生活。

多个方向开窗采光

要营造明亮又低眩光（由于亮度差导致周围环境显得昏暗而形成的"眩光"）的室内环境，其中一个办法是"多个方向开窗"。利用不同窗口从两个或三个方向打造通透感，这样会让人觉得室内空间更加宽敞，通风效果也更好。

　　另一个办法是"**把高侧窗设计得尽可能大一些**"。由于太阳始终处于斜上方，越向上阻挡光线的障碍物越少，所以高侧窗的效果会非常好。运用房子中央的挑空引入光线，即使在住宅密集的区域，也可以设计出白天不需要照明的住宅。由温度差引起的热岛效应（暖空气变轻上升，冷空气变重下沉的现象）会促进空气自然流动。

把高侧窗设计得尽可能大

译注：
1. 日语中"户"是"门"的意思。

4. 运用"骨架"和"填充"打造宽敞的空间

∶"骨架"和"填充"的设计畅想

用中间区域法大致确定建筑外观后开窗，大体上确定了外观的轮廓，接下来你需要从建筑的内侧向外看。也就是在建筑外表皮的里面创造具有魅力的"空间"。

这阶段的目标是利用"骨架"和"填充"设计出类似日本传统民居的开放空间。宽敞的室内空间可根据活动的不同而被自由支配，而且家中任何地方都能享受到中间区域带来的生活便利。

但是在强调高私密性的现代建筑中，我们如何才能实现这种"空旷感"呢？

这时可以想想木结构住宅上梁时的情形。所有建筑只有在上梁时看起来很宽敞，即便是那些完工后看起来狭小的建筑。所以无论建筑物功能如何，只要想方设法使完工时的建筑仍保持上梁时的结构状态和"空旷感"，这样就足够了。

实践"骨架"和"填充"的传统民居（日本民家园的北村家住宅）

住宅完工后仍保持上梁时的空旷感

减少隔断，打造"通透感"

只要将所有功能都塞进住宅，私密性很容易实现。不过隔断做得越多，房间会显得越小，所以"只在真正需要的地方才设置隔断"。房间各有不同，并非所有房间都需要阻隔，并非都需要隔绝所有视线、声音、气味、风和光线。比如主卧和用水区域一定要用墙壁隔开，而儿童房有时只需要遮挡一下视线。

遇到必须做隔断的情况时，我建议把出入口做成"推拉门"。因为推拉门很容易打造完全开放的空间。

还有一个能让空间变宽敞的秘诀。让建筑的两端实现毫无遮挡的"通透"。最理想的状态是利用"间户"营造从室内延伸到室外的通透感。只要尽可能去除妨碍视线的元素，营造出无遮挡的视野，房子自然会让人感到宽敞又舒适。

减少隔断，打造"通透感"

:用"凉粉法"设计宽敞的空间

成功设计出宽敞的"空间"确实不易。因为宽敞意味着房间内空无一物，所以设计师往往不知道该从哪里下手。

鉴于这种情况，我教你一个能设计出魅力"空间"的窍门。方法就是不从平面构思，而从剖面思考。我称之为"凉粉法"。

请想象一下剖面的效果。天花板越高，我们越能感觉到空间有所提升，越低的天花板让人心里感到踏实，而太低会给人一种压迫感。即使感觉不到墙壁位置差异的人也会对高度差很敏感。倘若地板处稍微有一点高度差，人们也会感觉到这个地方与其他地方不同。所以只要主动设计出地板高度差，就能打造出促进人们沟通的空间，与走廊的功能类似。

用凉粉法设计的空间

根据凉粉法，先确定一个能抵挡雨水，遮挡日照，有效引入光线的剖面。然后像挤凉粉一样由外向内挤出一个立体空间。

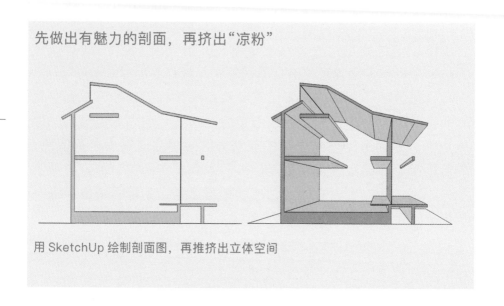

先做出有魅力的剖面，再挤出"凉粉"

用 SketchUp 绘制剖面图，再推挤出立体空间

只要一开始设计的剖面有魅力，就不必担心推挤后剖面本身的魅力会消失，反而魅力会在空间中显现出来。这样一来，由于平面本来就是简单的矩形，变成立体空间后再置入室内布局就会很容易。而且朝着一定的方向推挤，建筑的骨架也就自然成形了。

一般规模的住宅往往使用这个方法完成 1～2 个体量，整个空间就基本完成了。回顾我设计过的 50 栋住宅，几乎全部都是采用这个方法设计的。

像三十三间堂那样，尽可能保持推挤方向上空间的通透感，然后将用凉粉法推挤出的中间或末端区域处理成部分室外空间，就能轻松创建出中间区域。安托宁·雷蒙德（Antonin Raymond）设计的旧井上房一郎邸就采用了这种方法。

凉粉法和中间区域法的完美结合

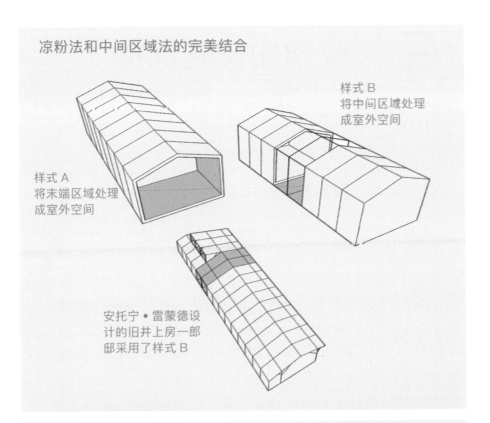

样式 B
将中间区域处理
成室外空间

样式 A
将末端区域处理
成室外空间

安托宁·雷蒙德设
计的旧井上房一郎
邸采用了样式 B

凉粉法样式 A 的案例。将末端区域设计成阳台

5. 骨架和样式保持 "上下一致"

注意结构、隔热和建造方法

在开放的结构下，空间自由度高，隔断少，但缺乏抗震设计，因此需要在结构上动动脑筋。比如多处挑空的单身公寓，只有设计时注重提高隔热性能，室内才不会给人一种孤单又冷清感觉，所以隔热设计必不可少。换句话说，只要处理好结构和隔热设计，就能轻松创建出完美的开阔空间，没有什么其他需要特别注意的地方了。如果打算建造适用 Flat35 贷款（依照金融公库的标准）的住宅，只要在外墙和屋顶设置通风层，确保基础高度为 400 毫米，做好防风层的施工，后续工作就按照基本要求完成就可以了。

抗震设计依赖建筑四周

结构方面，只要采用最不容易受到施工质量影响的合理化施工工法（节省人力，缩短工期的方法）即可。地基采用板式基础（建筑下方铺设钢筋混凝土板式基础），地板为无托梁（用厚胶合板取代托梁的施工工法）和无水平支撑梁的样式，墙壁采用传统木造方法，也可以采用 2×4 工法（北美最为常用，用胶合板和框架制作面板，能抵抗重力、地震、风力的施工方法），直接在木轴上钉上结构板材固定墙面，在没有交叉的框架下能够轻松完成，做法相对简单，效果也好。

外围的柱体原则上应保持 910 毫米的间距，承重墙应设置在建筑四周，并确保承重墙严格执行日本建筑基准法规定的 1.5 倍标准。这样一来，无须考虑地震和风的影响，只需要考虑重力，少隔断的开放格局也更容易实现。

如果打算在顶层阁楼规划这种开放式的设计也有技巧，即采用厚胶合板固定屋顶。屋顶使用钢板可以省略阁楼的大梁和水平支撑梁，让室内空间变得通透。

房屋中央的支柱应每隔不足 3.636 米建造一根，尽可能上下两层的位置保持对齐。更关键的是必须在室内中央设置一根主柱。这样一来更便于平面布局，在楼上和楼下安排面积相同的房间。

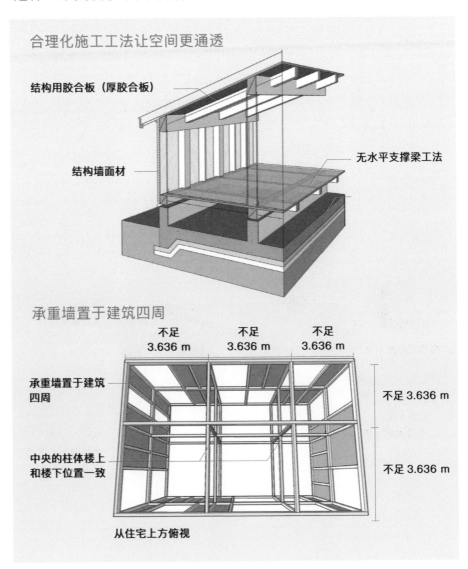

合理化施工工法让空间更通透

结构用胶合板（厚胶合板）

结构墙面材

无水平支撑梁工法

承重墙置于建筑四周

不足 3.636 m　　不足 3.636 m　　不足 3.636 m

承重墙置于建筑四周

中央的柱体楼上和楼下位置一致

不足 3.636 m

不足 3.636 m

从住宅上方俯视

总之，要在确定室内格局前先想象一下总体构架。有时候需要根据构架调整户型，这样做更能凸显富有美感的结构体。

住宅设计也必须达到 4 级隔热

采用合理化施工工法也能相对容易地实现隔热和气密的要求。**隔热务必以 4 级作为标准。**当建筑隔热达到 4 级的设备标准时，住房贷款利率会有一些优惠。

一旦做到 4 级标准的高隔热和高气密，即使是少隔断的开放式住宅，室内只需安装一两台空调就能应对一年四季的冷热变化。在包括东京在内的 6 个地区的地板和墙壁的隔热，只要填充隔热材料就能满足规范的要求。地板采用 65 毫米的 3 类 B 种聚苯乙烯泡沫板，墙壁采用 105 毫米高性能玻璃棉，屋顶可考虑使用 185 毫米的高性能玻璃棉。

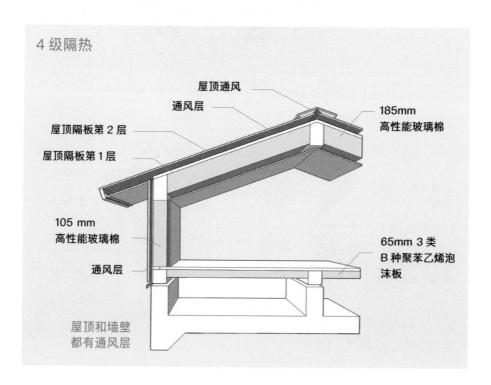

4 级隔热

屋顶通风

通风层

屋顶隔板第 2 层

屋顶隔板第 1 层

185mm
高性能玻璃棉

105 mm
高性能玻璃棉

通风层

65mm 3 类
B 种聚苯乙烯泡
沫板

屋顶和墙壁
都有通风层

屋顶一定要设置通风层。这样夏天在室内不会感到闷热。单独1层屋顶隔板很难同时兼顾通风和无角撑的结构，所以我推荐屋顶采用双层隔板，在隔板之间实现通风的效果。

⦂ 窗户必须奢侈一些

热损失最严重的开口部位的隔热至关重要。有必要选用比低辐射中空玻璃性能更好的玻璃。如果预算允许，可以使用铝树脂复合窗框或树脂窗框。

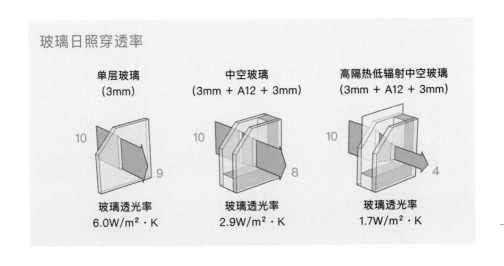

玻璃日照穿透率

单层玻璃	中空玻璃	高隔热低辐射中空玻璃
(3mm)	(3mm + A12 + 3mm)	(3mm + A12 + 3mm)
10 ... 9	10 ... 8	10 ... 4
玻璃透光率	玻璃透光率	玻璃透光率
6.0W/m²·K	2.9W/m²·K	1.7W/m²·K

你知道窗户会接收到非常大量的太阳能吧？因此无须屋顶集热或发电，可以直接利用窗户接收到的太阳能采暖。倘若用地日照充足，可以将朝南的窗户换成低辐射中空玻璃，就能有效地吸收太阳光线，提高建筑室内温度。不要忘了利用屋檐飘出的部分遮挡夏季的日照。日本各地的太阳辐射数据可以从日本新能源产业技术综合开发机构（NEDO）的网站直接下载。

6 ： 户型设计的关键 "三叶草动线和停留空间"

⋮ 划分功能区也要留意空间的通透性

打造出开放又宽敞的空间后，就可以着手设计室内格局了。这时务必要延续之前已经确定好的外观、空间、框架设计，继续打造富有魅力的空间布局吧。

首先是功能区划分。用水区域和收纳空间的位置最应该引起重视。因为用水区域和收纳空间通常被墙包围，将会成为阻碍空间通透性的关键。

划分功能区时要以"尽量将用水区域布置在角落"为原则。同样，卧室也要尽可能布置在角落。你若打算空出墙面，不妨考虑一下如何配置各个功能区。

能实现空间通透性的区域划分

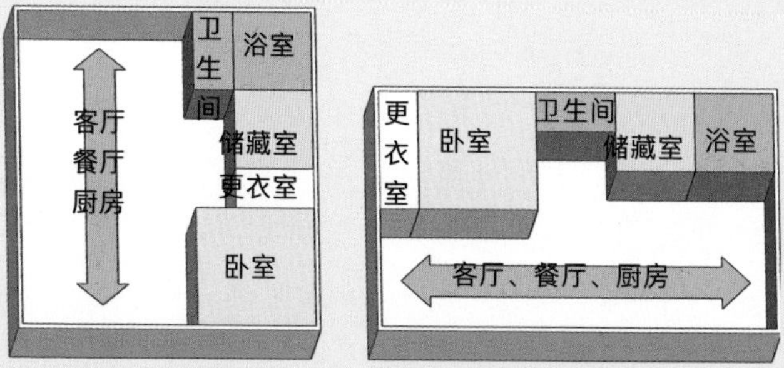

用水区域和卧室集中在一侧　　　将通透区域安排在长边一侧

空间中距离拉得越远，就越显得宽敞，空间通透性越凸显，所以将讲究通透性的区域安排在长边一侧。如果安排得当，用水区域和卧室集中在一侧，客厅、餐厅、厨房集中在另一侧。

⁞ 三叶草动线

为了保证空间的私密性，当居住者走向某个房间时不必经过另一个房间，所以一定会设计出一条走廊。但走廊非常占用空间，所以设计时务必遵守"走廊面积越小越好"的规则。要想实现这一点，"玄关和楼梯尽可能设置在建筑的中央"。

当动线集中在建筑的中间区域，自然就形成了三叶草动线，走廊和楼梯构成三叶草动线的茎，房间构成叶子。考虑房间和动线的关系时，不妨以三叶草动线作为设计的基础，排除所有可能发生的空间浪费。

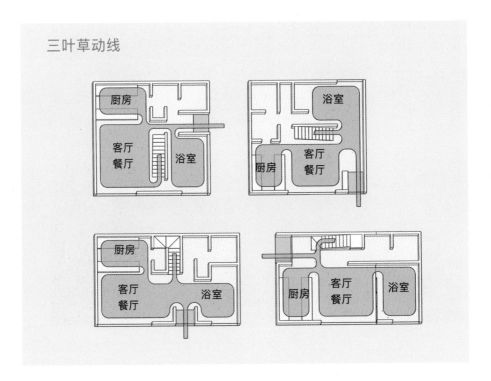

三叶草动线

157

创造"停留"空间

　　确定好卧室的位置后，**千万不要忽视其他空间的设计，你要动脑思考，灵活地设计**。思考一下家庭成员在家中的活动，有没有必要为每个人提供独立的活动空间，如果为了睡觉，摆放一张床就足够，如果想读书，摆放一张桌子和一把椅子就足够了。

　　为满足家庭成员的活动需求，**创造一些"停留"空间可以减少私人房间的数量，如果"停留"空间安排得当，说不定就没有必要刻意安排私人房间了**。

　　为满足家庭成员的活动需求，有时只要打造一个安静的空间就足够了，所以"停留"空间不一定要为墙壁所包围。选用不阻碍空间通透感的家具、屏风、隔断，并运用地板的高低差或门窗等不会阻碍视线的简约设计，就能简单打造"停留"空间。

利用错层打造可供家庭成员停留的空间

利用错层的高低差也可以在室内营造檐廊的效果。比如大桌子和较宽可坐的楼梯台阶，也可以打造供全家人"停留"空间。

利用窗边的高低差打造可供家人停留的空间

7. 第一印象八成取决于 "颜色和材料"

： 制作家具和门窗

在如今的住宅施工现场，几乎所有零件都已经实现模块化，所以只需要建筑师在材料和商品目录中选择产品，下好订单，再像拼装塑料模型一样组装零部件，这样就建造完成了一栋住宅。而且材料表面的纹理和图案大都采用先打印后贴面的处理方式，本质上讲这些材料都是所谓 "某种风格" "某种样式" 的仿制品。只要采用这些新型建筑材料，即使业务不熟练的工匠也可以在短时间内以极低廉的价格完成施工，而且后期很少会遭到投诉。所以时至今日住宅制造商俨然已经成为 "新型建材的制造商"。

如果我拿 "服装" 类比，我想应该没有人会主动穿着盗版的名牌服装吧，但不知为什么，对于比服装价格高出好几万倍的 "住宅"，瓷砖风格的外墙壁板、木纹贴面的门窗和家具、聚氨酯涂层的胶合地板等仿制品却备受欢迎。

身为建筑师，我们肩负着建造具有个性的建筑的使命，一定要坚持 **"不采用新型建筑材料，采用能经得起时间考验的有价值的建材"**，选择真正的天然实木地板，尽心尽力为客户打造专属的家具、门窗、玄关和厨房。适当让建筑结构暴露在外，选用泥水和涂装做出会留下手工痕迹的墙面。只要能做到以上这几点，你就能做出与大批量生产住宅完全不同的房屋，充满独特的魅力。

大胆采用 EP 板包裹外露结构。厨房，包括岛台在内全部由木工亲手制作而成

天花板外露的结构涂成焦茶色。木制内窗由木工亲手制作。墙壁采用石膏抹灰

镀锌钢板和木板横向拼接共同构成了外墙

⁞ 外墙材料的选择

就外墙材料而言，我恨不得把那些看起来奇奇怪怪的陶瓷壁板全部拆掉，重新修整一番。

陶瓷壁板确实用起来很方便，又具有耐火性能，但使用 10 年左右就需要重新填充缝隙（基于外墙气密性和防水性的考量必须填充可塑性和还原性较强的填充剂），所以造价并不便宜。实际上与其选择陶瓷壁板，还不如选择由镀锌钢板制成的波纹板，不仅无须填缝，透气性又好。如果你不喜欢波纹板，还可以选择条纹板，再视具体情况采用横向铺设，还是纵向铺设。

我非常推荐以镀锌钢板和木板组合的方式打造外墙。你可以在很少淋雨且易于维护的区域，比如一层的玄关处着重使用木料，这样就不会让人觉得质感很差，看起来廉价了。

室内的直观印象七成取决于色彩搭配

如果想设计出更有质感的室内空间，首先必须要控制好灯光。如果打算将室内结构暴露，可以使用泥水材料，并配合自然光线所营造出的光影效果，这些将是室内不可或缺的装饰元素。

地板方面，你要注意地板材料的光泽感。实木地板只需要在其表面涂一层浸透性较好的油，质感就能立刻显现出来。墙壁可以选择塑脂贴纸，但务必尽量选择没有凹凸起伏的平整的贴纸。若你要购入白色系的壁纸，我推荐使用亮度为 7.5 ~ 8.0 勒克斯，视觉上略微柔和的白色。**此外，色彩具有极富视觉冲击力的效果，尤其是白色系以外的颜色和材料会很大程度上直接影响空间的印象，而且除地板、墙面和天花板之外，门窗、五金、楼梯等的色彩搭配更要慎重，你需要比设计住宅外观和户型时投入更多的精力。**

如果你打算在墙面和天花利用色彩强调空间，可以选择在没有开口的墙面或矩形墙面内侧应用配色，能起到强调室内进深的效果。

暴露在外的结构。在室内重点墙面设置色彩

163

⋮ 木材的表现方法

　　木材本身的颜色就能凸显质感和品位。

　　有个办法是地板、梁柱、木制框架、木制门窗和家具统一使用焦茶色，这也最万无一失。颜色越少，越有助于整合室内装饰。

　　如果客户喜欢天然色系，可以在木制框架、门窗、家具表面涂上清油，在梁柱表面涂上白色系的油漆。为了和住宅制造商建造的房子有所区别，许多施工公司会采用凸显梁柱的设计，将特定的节点结构涂上清油做最后加工，更能凸显木材本身的旨趣。

在木制门窗和家具表面做清油处理

⋮ 黑发理论

　　如果全部采用浅色系设计室内，会给人一种整体印象不清晰的感觉，重点不突出。**这时为了突出和强调室内设计重点，需要加入一些黑色元素。**黑头发是日本人的特征，在肤色中加入黑色，整体空间也会更协调。

重点色黑色的应用

CHAPTER *5*

第 5 章
第一次汇报

即便做出令人满意的设计，
如果不能恰到好处地表达出来，
也很难得到客户信服。
接下来我将介绍如何汇报方案，
具体跟客户解释到什么程度，
以及能抓住客户内心的汇报铁则。

1. 方法不对，注定汇报会失败

： 汇报的分类

无论设计有多完美，跟客户汇报时表达方式不同，相应会得到不同的反馈，客户的评价会出乎意料地相差很大。因此，建筑师平时在事务所工作的过程中应该多注意学习汇报的方法，逐渐熟练掌握汇报的技巧。

话说回来，我们经常提到的汇报并非只有一种，在建筑领域大致分成两种。其一是为了争取新项目而进行的汇报，与潜在客户会面并提出设计设想。其二是为了明确具体设计内容，在委托设计的过程中定期与客户见面例行汇报。前后两种汇报的目的不同，应该采取的汇报方式也不同。

首先，第一种汇报应该重点强调自己与其他事务所的不同，突出自身优势，让客户相信自己才是胜任项目设计的最佳选择，能实现所有设计诉求。

这种汇报大都是一次定胜负，所以非常有必要让客户从一开始就"喜欢上你"。为了让汇报更具吸引力，除了通常都会准备的模型、透视图、照片等视觉图像外，还应该准备好图文并茂的设计说明书，重点内容可以更换文字的颜色起到提示作用。建筑师在准备汇报资料时，非常容易只顾着更好地展示方案本身的优点，然而汇报的目的是为了争取新项目，仅仅展示设计内容并不足够。我们必须在汇报时充分展现自身丰富的专业知识和技能，比如成本控制、建筑性能、现场监督等方面的内容，这点应该牢记。

其次，第二种汇报的主要目标是竭尽全力向客户传达设计主旨和设计方向，确保最终完工的建筑符合客户的设想。因此汇报时应该向客户准确传达设计走向和设计样式，并让客户完全理解。不同阶段的汇报需要的资料不同，基本设计阶段需要准备模型，深化设计阶段则以图纸和设计说明书为主。

开拓新业务的汇报与日常汇报的区别

开拓新业务的汇报

必须获得客户的青睐

必须让设计方案看起来有吸引力

必须准备模型、透视图、照片等能让客户具体了解情况的资料

日常汇报

和客户分享设计概念

准确传达设计走向和设计样式

以图纸和设计说明书为主要参考资料

⠿ 别让客户做选择

　　判断力主要受个人经验和知识水平的影响。**尤其是第一次接触建筑的客户，即便反复对比备选方案，也无法做出正确的判断。**向客户汇报设计方案时，建筑师提出多个备选方案并把选择权交给客户，让客户从中选出最佳方案的看似民主，实际上并不一定会得到好结果。不如直接向客户展示在网上对比多个方案后选出的最佳方案。

⠿ 不要事先发送材料

　　另外，客户单独翻阅资料，设计师同客户一起看资料并口头解释说明，这两种方式会对客户获取信息产生巨大影响，客户获取的信息量也存在巨大差异。如果事先发送汇报资料（图纸等），客户自行解读设计，很有可能会误解设计师的意图。不如事先给客户布置几项作业，借此机会让客户考虑一下哪些设计可行，汇报资料还是在见面当天交给客户比较好。

⠿ 别让客户绘制图纸

　　极少数情况下，我们会遇到从事设计或建筑工作的客户，他们可能会主动绘制户型图。无论客户品位有多好，在每天绘制图纸的建筑师眼中，这些户型图仍然存在各种各样的问题，不过建筑师又不能完全无视客户绘制的图纸。所以为了避免发生诸如此类的情况，一旦发现客户是从事设计或建筑工作时，一开始就要讲清楚"您尽管提出要求，我们负责绘制图纸"，如此一来，后续工作就能更加顺利地展开了。

绝对不要对客户做的 4 件事

让客户挑选设计方案

事先发送汇报资料

让客户绘制图纸

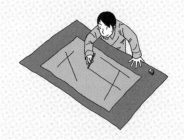

不听取客户的意见

带着耳朵听

　　和客户见面时，有些客户会提出让人大吃一惊的想法和意见。哪怕只是客户一时兴起随口提出的想法，我们也要追问其中缘由，让客户解释清楚，试图把客户内心最真实想法弄明白。即使经验非常丰富的设计师，其设计手法也会逐渐变得僵化。而客户提出的意见碰巧有机会打破这种"前定和谐[1]"。客户的一番话可能会改变建筑师的设计思路，让设计朝着意想不到的方向推进，最终得到更好的设计，这样的情况时有发生

译注：
1. 前定和谐（preestablished harmony），德国哲学家莱布尼茨提出的一种形而上学的理论。

2. 用简单的矩阵图 传达"概念"

概念是最重要的设计"前提条件"

汇报的主要目的是让客户了解设计主旨或主题。**在设计领域，我们通常把"设计主旨或主题"称为"概念"。**

"概念"这个词，大家应该早已耳熟了，从大学一年级开始就会频繁用到。然而，当我在课堂上提问："这栋建筑的概念是什么？"学生往往只回答道"概念是由不规则排列的开口构成的曲面墙"，诸如此类不全面的"设想"或"想法"。听到这样的回答，我感到很疑惑，"究竟为什么学生会给出这样回答呢？"我百思不得其解。

那么，这名学生对概念的理解究竟出现了哪些问题呢？

最大的问题在于他并没有说出采用曲面墙的原因以及推导过程。委托项目的客户会发生改变，用地条件也不尽相同，施工的必需条件也因建筑的不同而有所差异。在众多设计前提条件中，这名学生究竟关注了哪一点才给出了曲面墙的回答？他所关注的前提条件真的非常重要吗？假设真的很重要，采用曲面墙可以彻底解决问题吗？还有没有其他更好的办法？如果有，能否实现？只有这一连串的问题都能回答上来，概念才具有说服力。实际上，只要能说明**"设计方案中切实、合理地解决关键设计条件或课题的具体策略或方法"**即可，这也是我想听到的"概念"。按照这个思路说明设计概念，即使乍看起来复杂、难懂的形态和空间，也变得容易理解了。

我们不妨以"横滨港大栈桥国际客运站"为例试着分析设计概念。

横滨港大栈桥国际客运站建在伸向海面的防波堤上，建筑作为"具有海关功能的国际客运码头，供非指定人群使用的城市公园"使用。在设计过程中建筑师将海关功能区安排在防波堤的中央，由此引发了一个问题，即超大型船只停泊时，人们只能艰难地通过防波堤的边缘才能进入海关办事区。这是众多设计前提条件中最值得关注的重点。

由亚历扬德罗·泽勒–波罗（Alejandro Zaera-Polo）和法西德·穆萨维（Farshid Moussavi）组成的建筑设计团队利用"起伏的地面"解决了动线问题，并运用屋顶和室内无阶梯的设计在海上打造出一座流线连续的立体公园。

虽然"地形性建筑"的处理手法颇具特色，但将"公园"和"波状起伏的地形"结合才是最具说服力的设计概念，当然这种手法也并不陌生。这个方案同时引发了大家开始对现代建筑的设计前提"水平地面和立柱"的正确性产生怀疑，也就是勒·柯布西耶提出的多米诺系统。经由这个案例，想必大家对如何构建设计概念有了更加透彻的了解吧。

横滨港大栈桥国际客运站（FOA 事务所设计）

照片提供：横滨港大栈桥国际客运站

173

⋮ 概念图

　　开动脑筋设想出一个具有说服力的概念，并不是一件容易的事情。不妨使用下面的概念图，可以帮你整合出能解决实际问题的设计概念。

　　概念图如下所示。依次在概念图中贴上写有特征和前提条件、解法、具体案例的便签，像玩联想游戏一样发散思维，然后整合成一个概念。与市场营销分析时会用到的矩阵图一样，在概念图中也有横纵两条评估轴，其中纵轴分为 3 个区块。

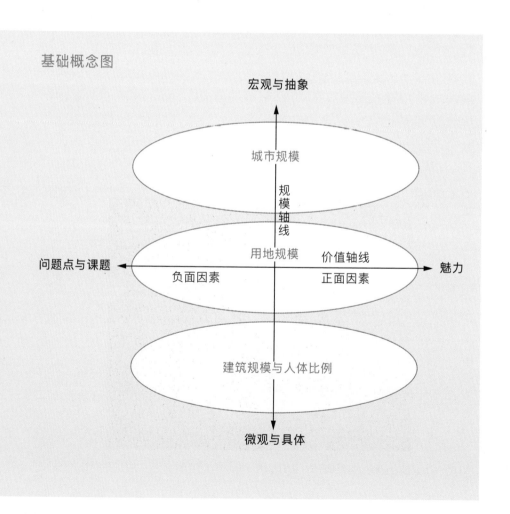

基础概念图

纵轴是"规模轴线"。纵轴正方向表示规模越来越大，负方向表示规模越来越小。自上到下的 3 个区块依次为城市规模、用地规模、建筑规模与人体比例。

建筑是城市的一部分，建筑和城市之间有着密不可分的关系。倘若忽视建筑和周围环境的关系，随心所欲地设计，不仅景观会变得松散，城市的宜居性也会大打折扣，所以我在概念图中同时列出了城市、建筑两个关键词。此外，当我们将建筑从城市抽离出来，只考虑建筑的功能（建筑类型）并将其归类时，自然会发现在这些建筑中普遍存在的共性。总之，我们有必要从宏观和抽象角度审视建筑，也就是我在纵轴正方向上标注的"宏观与抽象"，这也是纵轴对"规模"的指示作用。

另外，横轴是"价值轴线"。横轴负方向指示"问题点"，正方向指示"魅力"。人们往往更关注负方向上的问题，如用地狭窄、冷暖气候、使用便利程度等，所以客户提出的设计要求也多集中在此，然而不管我们多么努力弥补缺陷，也只能确保建筑没有硬伤。为了凸显建筑的魅力，我们有必要在设计过程中强调优点，扩大并强化优势。所以，横轴有助于完善设计概念。

例如，建筑的设计前提条件是"场地是一块坡地"，从负方向思考应对策略，一定会想到诸如"避免坍塌的处理方法""安息角""深基础"等一系列与建筑魅力无关的关键词，但转换思路往正方向思考，则可以联想到许多正面强化优势的办法，比如"活用水平连窗拓宽视野，打造可用来欣赏风景的露台，利用现有缓坡修建入口"等。只有意识到要用横轴思维及正方向思维设计，才有可能把建筑方案引向更有吸引力的设计方向。

增加前提条件和特征

接下来我们在概念图中添加前提条件和特征吧。不妨先参考下面的概念图，根据区块和规模将设计前提条件和特征填入指定位置。**为了便于稍后贴上写有"解法"便签，有必要在区块之间预留一定的空位。**

　　将"功能和地域特征"置于最上方的区块，"用地和周围环境的特征"置于中间区块，"建筑和客户的特征"置于最下方的区块。最上方区块中的关键词是诸如历史、风俗习惯和社会需求等非实体的抽象概念。在设计过程中抽象概念同样会对建筑的建造方式产生很大影响，比如"用地位于传统建筑集中分布的地区，新建清水混凝土建筑将无法融入周边环境"。同时也要留意横轴，在每个区块添加关键词时，不利的前提条件往左放，有利的条件往右放。

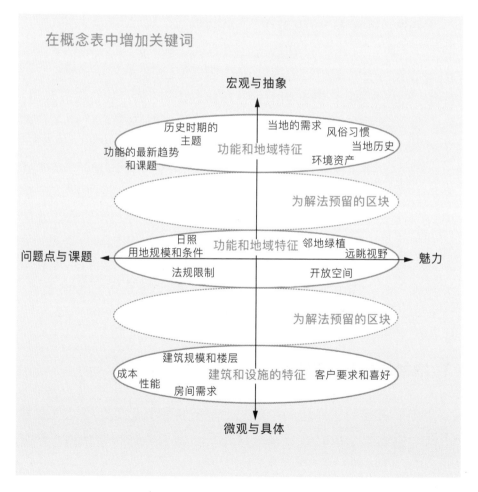

我将前文第 16 页所列的项目特征，按照左页概念图的内容要求整理成新的概念图。在这个阶段还不清楚接下来会增加哪些关键词，所以尽可能全面地把所有已知条件和特征放入概念图。

光看关键词不会觉得有什么特别之处。但冷静地想一想"周围环境良好""用地面积约 330 平方米""兼做工作室"，就会发现它与"位于密集街区的两层建筑"的整体感觉完全不同。看到关键词"昭和风格"，我们能联想到细木条窗户，木质外墙，柳安木家具之类的设计。像这样，通过直觉和联想将关键词贴在指定区块。**一旦放入一个新的关键词，就会接二连三地放入其他新的关键词。**

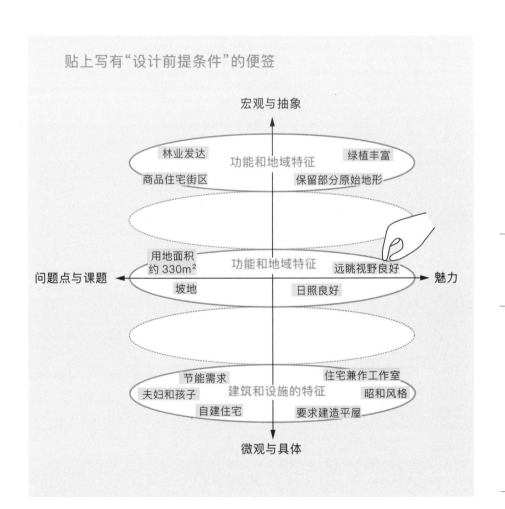

贴上写有"设计前提条件"的便签

宏观与抽象

林业发达　功能和地域特征　绿植丰富
商品住宅街区　　　　　　保留部分原始地形

用地面积约 330m²　功能和地域特征　远眺视野良好
问题点与课题 ←　坡地　　　日照良好　　→ 魅力

节能需求　　　　住宅兼作工作室
夫妇和孩子　建筑和设施的特征　昭和风格
自建住宅　　　要求建造平屋

微观与具体

⦂ 增加解法

在概念图中添加设计的前提条件后，接下来要对应添加解法。 你可以自由发挥想象，思考解决方法，如果事先对"两条轴线构成的 4 个区块（象限）中的解法的差异"有所了解，目标会更加明确。

左上角区块以项目的解法、设计规划的目的和功能为主，属于相对概念性的内容。

左下角区块为针对建筑和用地条件提出的具体解决方法。满足客户需求，处理法规限制、成本预算等问题的解法也应放入这个区块。

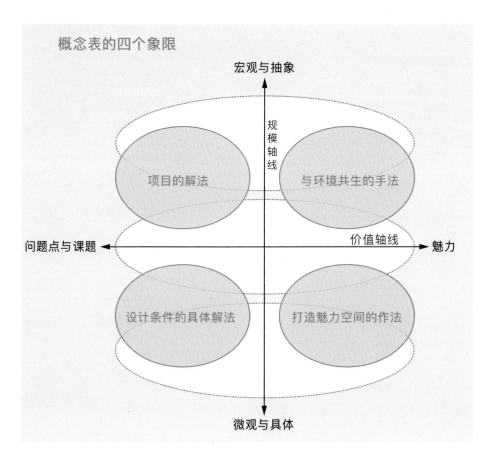

概念表的四个象限

宏观与抽象

规模轴线

项目的解法

与环境共生的手法

问题点与课题 ← 价值轴线 → 魅力

设计条件的具体解法

打造魅力空间的作法

微观与具体

右上角区块是关于环境与建筑的关系。参考第 138 页中间区域的样式也许会更容易填写。

右下角区块是打造魅力空间的作法。在填写前需要认真思考建筑的"卖点"和"创新点"究竟是什么。接着进一步思考你想要最终呈现什么样的"空间和场所"，实现什么样的功能。

在第 177 页写有前提条件的概念图上，根据 4 个区块的不同要求增加提示"解法"的关键词，新的概念图如下所示。在左上角的"项目"区块增加了对"住宅"全新形态的设想。难得"用地面积有 330 平方米"，没必要建成两层住宅，不过建造平屋的成本相对高，那么"1.5 层"怎么样？像这样，一步一步地延伸设计思路。

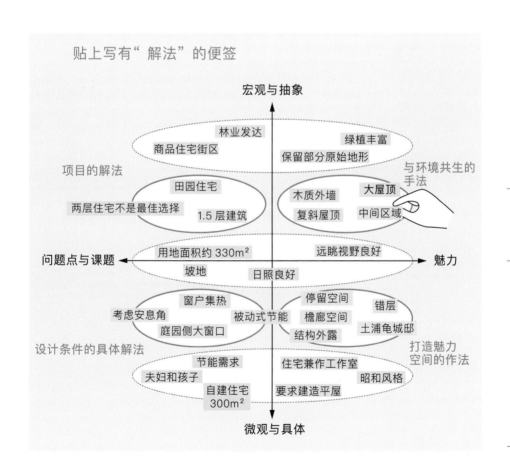

贴上写有"解法"的便签

另外，在添加解法的过程中一定要确保关键词表意具体，视觉表现明确。如果只添加关键词"错层"，会让人产生无数的相关联想，假设增加具体案例的限定，比如"土浦龟城邸的错层"，所传达的信息就立刻变得明确起来。说不定我们能在这个项目中将"昭和风格""错层""1.5 层建筑"全部实现。用具体案例限定关键词后，只要再提炼一个项目标题，建筑的整体形态就跃然纸上了。

⠸ 用一句话表达设计创意

在概念图上添加众多关键词后，你会发现这些关键词已经构成了一个故事。并非所有关键词都会出现在设计中，建筑的规模越小，融入的设计主题越少，以住宅建筑为例，一般只需要一个明确的主题。**不必强求将设计创意归纳成一个词，用简短的一句话表达出来会最具说服力。**

不妨想一想，当被问及"如果用一句话概括建筑的特点"时该如何回答。最好能像杂志中的标题一样，把你对前提条件的解读和解法整合成一句话。下面这些句子可供参考。

- 樱花街道上"大屋檐之家"
- 向旁边公园借景的"不规则开口之家"
- 虽地处住宅密集分布的旗杆地，仍可全天享受阳光的"挑空采光之家"

比如前面提到的案例，我从概念图中挑出了几个关键词，"1.5 层建筑""大屋顶""檐廊""田园住宅"，再加上设计的前提条件，最终总结出一句话，"充分利用坡地打造远眺视野，拥有大屋顶和檐廊的 1.5 层住宅"。

如果你把这句话告诉事务所的同事，大家对这个项目的理解也不会出现方向性的偏差。

再次搜寻案例

令人遗憾的是，并不是有了堪称完美的设计概念，最终就能得到有魅力的建筑。设计概念和实际建筑之间存在着一条深远的鸿沟，而将两者联系起来的桥梁是以往的案例。**那些"拥有好概念，但实际建造出无趣建筑"的建筑师们，大多是因为没有重视再次搜寻以往案例的环节。**

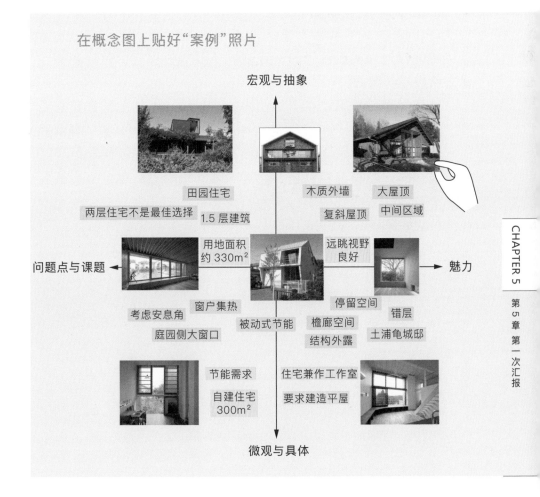

在概念图上贴好"案例"照片

宏观与抽象

田园住宅
两层住宅不是最佳选择　1.5 层建筑

木质外墙　大屋顶
复斜屋顶　中间区域

问题点与课题　　　用地面积约 330m²　　　远眺视野良好　　　魅力

考虑安息角　窗户集热
庭园侧大窗口　被动式节能
　　　　停留空间　错层
檐廊空间　土浦龟城邸
结构外露

节能需求
自建住宅300m²　住宅兼作工作室
要求建造平屋

微观与具体

上文已经介绍了在概念图上粘贴"前提条件""解法""案例"的方法，粘贴"案例"时，如果把写有案例名字的便签换成"实景照片"，概念图会变得更有趣。和小组其他成员分享设计概念时，这些案例的照片会发挥很大作用。

优秀的设计案例一定有能让他人借鉴的内容，尤其是好的设计概念从产生到逐步深化的思维推导过程。此时我们应该运用逆向思维，先找到"完美实现设计概念的优秀案例"，再向前推导出概念中的原始关键词。反复推敲设计说明和案例照片，一定也能归纳出堪称完美的设计概念。

⋮ 方案必须有所突破

将关键词落实成设计时一定注意不要太过保守，可以稍微尝试一点极端的做法。

比如看到"巧用现有树木"的关键词时，不动脑筋直接总结成"在树木前设置窗口"，这完全称不上设计概念。你必须要大胆提出极端一些的想法，"树木合围的 U 形平面""在家中随处可见树木的横向连续窗口和露台"之类的才能称为设计概念。也许在建造过程中，考虑到成本预算而设计不得不趋于保守，至少也要稍微极端地思考一次。

总结概念图

　　完成所有步骤后，你需要做好总结和整理。概念图中都是随手贴上的"前提条件"和"解法"，有必要重新绘制一遍概念图，不妨将所有便签扩印一份作为参考。如果你能得心应手地操作电脑软件，我推荐使用 PowerPoint 重新绘制概念图，因为在PowerPoint 中可以在任意位置轻松插入文字和照片，也可以根据重要程度随时调整大小。

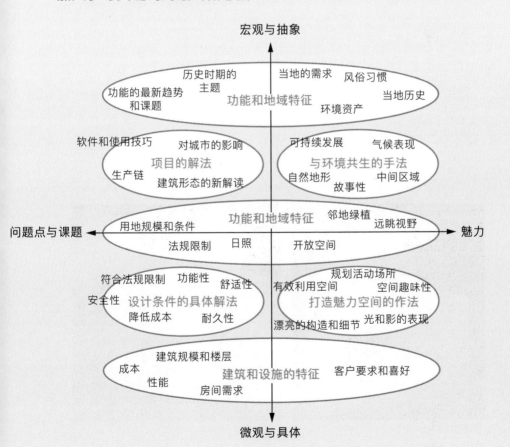

加入参考关键词的最终概念图

3. 用"模型"完整说明设计的主要内容

站在客户的角度说明设计

我们接触到的大多数客户都属于建筑的外行。向客户汇报时，即使借助图纸和透视图，恐怕也无法让客户完全理解设计的具体内容，甚至客户的理解或多或少都会出现偏差。所以，要想向客户准确传达建筑的真实情况，没有比实物模型更好的辅助工具了。**初次汇报借助模型，再次汇报仍旧借助模型，总之，不妨每次向客户汇报都使用模型。**在基础设计阶段可以使用二维图纸，透视图和手绘图作为模型的补充资料。

然而千万不要认为给客户展示了模型，客户就一定能理解设计主旨。内行人和外行人解读模型的能力相差很大。模型做得再好看，语言、文字表达不恰如其分，最终客户全凭个人"喜好"

借助模型说明设计

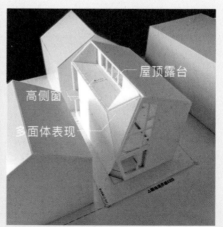

带屋顶露台的多面体模型

高侧窗
屋顶露台
多面体表现

结束汇报，结果导致建筑师的设计意图与客户提出的设计要求背道而驰。所以展示模型时一定要注意语言表达，跟客户讲清楚设计主旨。

以第 184 页图片中的模型为例，向客户汇报时一定要说明建筑的外形特点"带屋顶露台的坡屋顶"。接着**讲清楚采用这种屋顶造型的理由和推导过程，**"位于用地南面的邻居住宅遮挡了太阳光线，为获取充足的光线而设计了屋顶露台，为将太阳光进一步引入室内设置了朝南的高侧窗，从而形成了单坡屋顶"。只要最终的造型和空间具有合理性和必然性，大多数客户都会接受建筑师提出的设计建议。除此之外，模型中的"多面体表现"，客户一定不知道建筑师在设计过程中下了多大功夫，所以建筑师一定要把它作为和客户汇报的重要话题，让客户认识到"在整合所有设计条件的基础上，只有采用多面体才能实现所有需求"。

⋮ 模型的制作方法

设计阶段所做的模型，在汇报时可以用来帮助客户理解设计的工具，在平时设计工作中可以作为改进设计方案的辅助工具。与其说制作模型的目的是验证成品，不如说是为了发现需要注意的问题，更准确的说法是"为了修改而制作"。既然随时都会修改模型，也没必要投入太多时间制作模型。总之，制作的模型只要能在最短的时间呈现出最佳效果，并能配合汇报做适当更改即可。

如果只想表达建筑的体量，无须在意窗户之类的细节。利用抽象形态，省略细节，更能起到表现体量，凸显体量特征的作用。遇到这种情况，不要使用聚苯乙烯板搭建盒子的外观轮廓，直接切割聚苯乙烯泡沫塑料做出建筑造型，方便客户更直观地了解建筑体量。

如果想表现建筑外形或空间轮廓，建议使用白色的模型，削弱材料本身质感对空间的影响。如此一来，去除了不必要的信息，想要表达的内容就变得明确了。

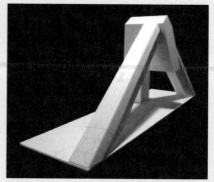

用来表现建筑外形或空间轮廓的　　表现建筑细节的局部模型
白色模型

　　模型的尺寸并非越大越好。 在设计的初始阶段，保持一定距离观察模型，能看出建筑的整体形态即可，所以模型的最佳比例为1：100。尺寸小的模型反而更容易表现各种变化，所以模型的尺寸小一些为好。

　　探讨设计细节时，不妨把较难说明的部分做成局部模型。右上图为庑殿顶3个坡面上的垂脊局部图，右图这样的细节图纸很难让人直观地理解建筑的形态，所以我按照图纸制作出模型，方便施工现场的工作人员参看，并按照模型施工。

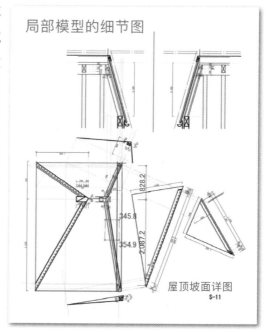

局部模型的细节图

屋顶坡面详图
S-11

⋮ 可以看到室内的模型

　　除了建筑的外观形态，假如也想掌握建筑的室内空间，制作时不妨将模型外墙和屋顶做成可以拆解的形式。

　　大多数客户的读图能力有限，即使看到户型图，也只停留在对平面的理解，顶多能看出房间的配置、面积、动线，不会立刻形成空间联想。只有见到模型，才能想象出室内空间的基本情况。

　　假如能制作出像下图这样能看到室内空间的模型，客户会在短时间内掌握空间的尺度感，地板高度差，窗户的配置，墙体的形态，扶手的位置和形状及采光的方式。

可以看到室内的模型

⋮ 模型的替代品

模型最大的缺点在于制作起来非常耗费时间。如果非要研究造型和比较材料，制作多个模型会消耗更多时间，针对这种情况，我建议大家绘制透视图，可以节省很多时间。

SketchUp 可以帮助我们在短时间内完成透视图的绘制工作，节省很多时间。SketchUp 操作简单，简化了制作动画的流程。现场监理过程中，如果时间匆忙无暇制作模型，可以使用 SketchUp 绘制透视图便于现场讨论，而且透视图的效果不亚于模型。

我刚开始学习设计时会频繁用到 SketchUp，并把自己家作为练习构思的素材。只要先画好简单的平面图，立刻可以在三维模式下转成透视图。

只要熟练掌握移动画面的操作方法，SketchUp 使用起来就没有其他难点了。而且这款软件有免费的版本，不妨在跟客户汇报设计方案时加入用 SketchUp 绘制的透视图，用来比较研究数据和形态。

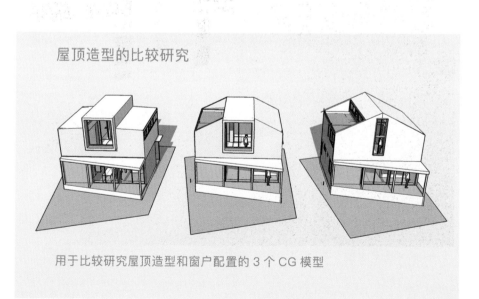

屋顶造型的比较研究

用于比较研究屋顶造型和窗户配置的 3 个 CG 模型

外墙材料的比较研究

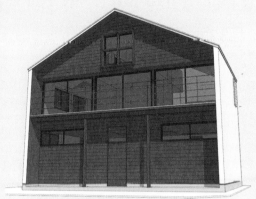

横铺壁板

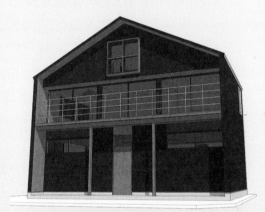

黑色喷涂

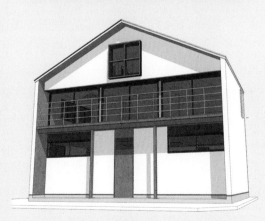

白色灰泥墙

外墙和屋顶采用不同材料和颜色的 CG 模型

189

4. 画图就像"写信"，只体现重点

：图纸的绘制方法

初入建筑事务所工作时，我的师父大高正人教导我："绘制图纸就像写信一样。"

这句话的意思是，图纸本质上是建筑师写给相关专业人员和客户的亲笔信，倘若无法将内心的想法传达给阅读信件的收件人，这封信便毫无意义。所以高质量的图纸能利用较小的篇幅传达建筑师的设计意图。反之，漏画了重要的边界线，出现影响读图的多余线条都会让图纸的质量大打折扣。**一定要确保图纸"易懂、易看、易读"，这是对图纸的基本要求**，跟客户汇报使用的图纸，采购产品使用的图纸都要。

若想绘制高质量的图纸，首先应该从思考版面布局开始。比如使用 CAD 绘图时往往会忽略版面，倘若不事先确认输出纸张的尺寸就开始绘图，最终得到的图面会显得结构松散。

其次，正确把握线条的粗细，确保线条遵循"轮廓线细，断面线粗"的绘图原则。尽可能不要使用看似美观的浅灰色小字，不要用英文标注房间的名称，尽量不用比例尺标注尺寸，避免放大或缩小，用标准的尺寸线画法标注尺寸。

右图为一页信一样的图纸。利用平面、立面和剖面 3 个角度的图纸展现楼梯的设计，方便大家更加直观地把握楼梯的立体形态。扶手的安装细节又通过多幅局部标准详图完整呈现出来，楼梯与地面衔接位置的尺寸等所有细节都可以在图上找到。

只要画出"带局部详图的三视图"，就能达成用少量图纸准确传达设计内容的目的。

易读懂的图纸

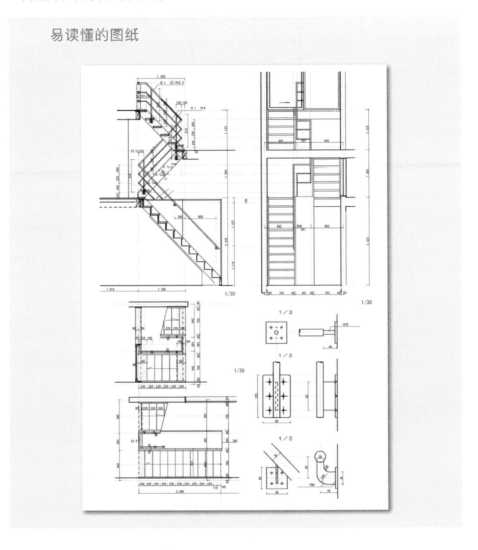

● 将基本设计图整理在" 1 页 A3 纸"上

在初始设计阶段，由我的事务所提交给客户的全部图纸一律都整理在 1 页 A3 纸或 A4 纸上。

整理在 A3 纸上的基本设计图

为了展示整体设计中的重点内容，可以省略细节详图

　　图纸仅仅作为模型的补充资料，页数太多会分散客户的注意力，即使事先准备了很多图纸，最终也只会整理出 1 页发给客户。虽然是 1 页纸，只要合理规划版面，放入平面图、立面图和剖面图，非常有助于客户把握立体形态。

　　除此之外，建筑师向客户汇报设计内容后，客户回到家中一定会反复推敲，这时设计说明会发挥很大作用，因此把图纸交给客户前，我会事先在图纸上标注好设计要点。虽然在上图中并没有我标注的设计要点，不过使用图注标明所有功能区和设计意图也有助于客户看懂设计。

简要说明施工设计图

　　只要能做到准确传达设计内容给客户，没必要让客户看到所有图纸。讨论时只需依次说明客户感兴趣的图纸和容易看懂图纸即可，至于展开图和结构图之类很难看懂的图纸，讲讲要点即可。

在每张图纸中一定有必须跟客户说明的设计关键点。在这些关键点中，往往又包含一些需要事先和事务所领导确认的事项。比如前面提到的木结构住宅案例，务必逐一说明前提条件，帮助客户了解设计。

⦂ 讲解总平面图时别忘了说明法规限制

讲解总平面图时，先要说明建筑的具体位置。比如建筑和用地边界线的关系，与邻地边界线的距离。而且应该告知客户建筑的位置是否符合法律规定，假设建筑距离邻居阳台或窗户不足1米，客户有权请求执行日本民法中规定的隐私保护。

针对建筑的外构，不仅要跟客户说明铺装和栅栏的范围，还应指出停车位、室外库房、自行车停车位、洒水器和植栽的位置等。

别忘了教会客户各种仪表的读数方法。如果客户不希望他人进入栅栏，必须提前修改仪表的安装位置。

总平面图

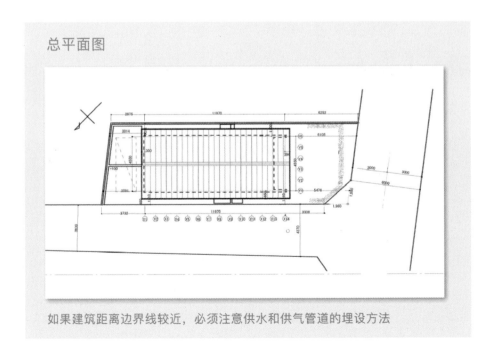

如果建筑距离边界线较近，必须注意供水和供气管道的埋设方法

193

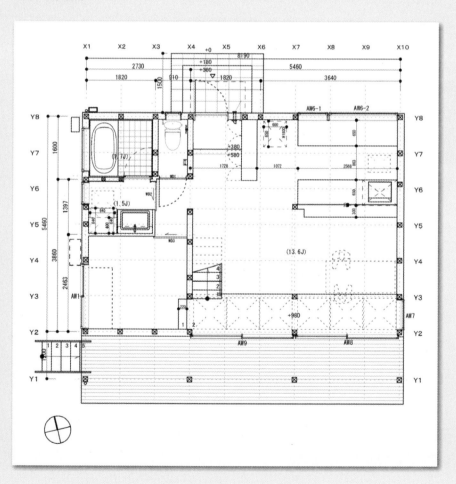

● 平面图作为说明目录

　　平面图不只集合了客户感兴趣的设计内容，如户型、面积、门窗的位置和尺寸、动线，收纳等，在施工现场也是最重要的参照资料。所以务必在平面图上注明"门窗型号、家具型号、轴线、尺寸线和方位"，并将平面图作为向客户逐一说明设计内容的目录。最好在平面图上标注房间的面积，方便客户了解各个房间的大小。

1层平面图

在施工设计阶段，最好采用1:50～1:30的比例绘制平面图，平面图绘制得越详细，在施工现场使用起来越轻松。如果在平面图上标明墙壁内部柱芯和壁芯的位置，窗框和木门窗中心点距离两端的尺寸，更便于确认预制产品的尺寸是否正确。

务必在平面图上画出窗框和地板边界的位置，方便处理玄关处的高度差，并为铺设地板做好准备。

2 层平面图

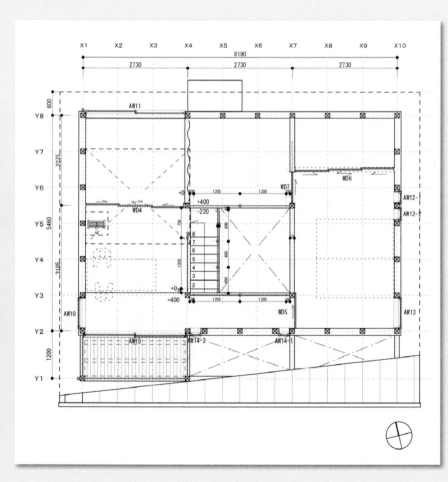

⋮ 在立面图上注明外墙装饰

对客户而言，模型最容易理解，所以立面图作为模型的补充资料即可。

在立面图上必须标注清楚**外墙装饰、窗口配置、排管和滴水线等。**

不要忘记跟客户说明外墙装饰的基本方法，窗户的开关方法和玻璃的种类。空调配管是否暴露在外墙表面，是否使用灰泥装饰外墙都需要跟客户最终确认。

立面图

采用多种接缝形式，打造质感各异的立面

∷ 断面图和展开图用来"估价"和确认"电气设备"

　　断面图和展开图也都作为模型的补充资料。不过，两种图纸在设计阶段**主要用来"预估室内装饰（或挑选装饰产品）的价格"，**在现场施工阶段用来"确认电气设备的配置情况"，所以，一定要画出卫生间、更衣室、浴室等小空间的所有断面图。**务必在断面图上标注天花板的高度。**通常中高层公寓的天花板高度为 2.4 米，假设要降低天花板的高度，务必当面跟业主说明理由。

断面图和展开图

准确画出踢脚板、木制框架、家具、瓷砖等

⫶ 整体剖面详图用于展现建筑的性能

　　整体剖面详图可以用来呈现包括高度关系在内的所有详细信息。之所以施工经验丰富的木工看到平面图和整体剖面详图就能建造出房屋，是因为设计师在整体剖面详图上明确标出了屋顶、墙壁、地板的构造。剖面详图也可以用来判断建筑是否为 Flat35 贷款适用住宅，是否符合部级准耐火的规定，是否满足认定低碳住宅和长期优良住宅的技术要求，是必不可少的图纸之一。

　　右页为绘制木结构住宅整体剖面详图的注意要点。与使用托梁和椽子的传统木结构施工工法不同，这里采用的是合理化施工工法。

整体剖面详图

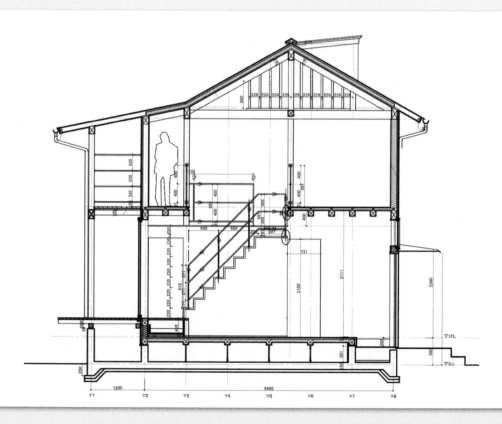

①结构采用箱盒加固，并用顶板固定屋顶。垂直方向利用梁柱支撑，将地面以上的基础高度设置成300毫米或400毫米（flat35贷款适用住宅的标准为400毫米）。

②防水需做两层或三层。为可能发生的漏水事故预先做好应急准备工作，尤其注意窗框四周的防水和止水工程，推荐大家在窗框的窗板上覆盖防水透湿膜。

③做好全方位隔热。天花板容易成为隔热的漏洞，所以原则上最好在屋顶做隔热处理。针对建筑的气密性，通常配合使用胶合板和玻璃棉袋，顶板用来阻断气流。

④注意屋顶通风。为了防止夏季热量集中在阁楼，冬季天花板内出现结露，除了做好墙壁通风层外，还要做好屋顶通风层。

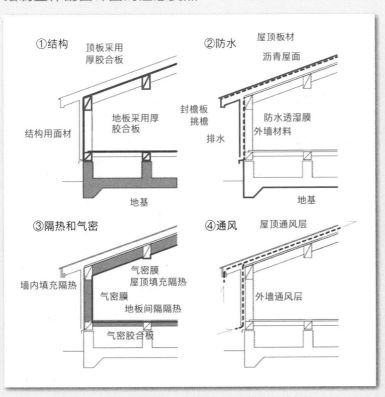

绘制整体剖面详图的注意要点

家具图活用手绘图表现

厨房及其他功能区的家具，一直以来都是客户最感兴趣的设计内容。客户会对家具设计提出很多细节要求，假如100%满足这些要求，恐怕只会得到"方便使用有余，但设计感不足"的家具。因此，最好从设计出发将客户的需求稍做调整，再绘制出家具的图纸，这才是正确的方法。

由于客户不擅长立体思考，所以务必借助手绘图、轴测图、透视图等传达设计概念。最好能在听取客户诉求的当下手绘出图纸。

同客户确认材料的质感时，最有效的方法是提供以往案例的照片。关于家具的材料，面板大都采用夹心板，而木工制作的家具，基本上顶板都采用人造板材，其他部位采用实木胶合板。

家具图

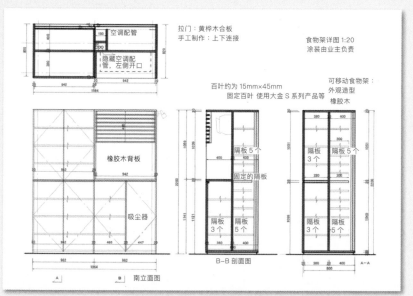

明确各种材料的上下左右关系，确认隔板是否可移动，确定组装方式后再绘制图纸

┊ 绘制厨房图纸时应了解用户需求

家具图的重中之重在于厨房的图纸。如果木工施工和门窗施工配合得当，定制厨房未必比系统厨房的花销大。

厨房的易用性因人而异，不能完全由设计者决定，设计前务必认真听取客户的需求，确认客户所追求的厨房使用体验。最好让客户画一张简单的草图，在草图的基础上，从设计的专业角度重新调整门的宽度和高度，并整合全部设计内容。

厨房图

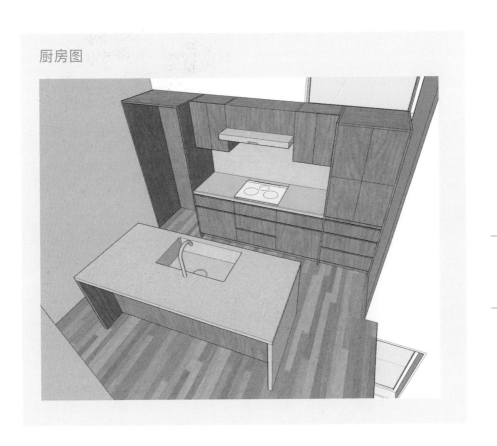

201

设计厨房时，必须与客户确认以下事项。

待确认的厨房事项

布局

　　冰箱、水槽和炉灶的位置直接影响到厨房使用的方便性。因此必须事先跟客户确认有何喜好或需求。假设客户打算继续使用现有冰箱，需要确认冰箱的尺寸和开门方向。

高度

　　如果客户选择定制厨房，厨房家具的高度可以自由调整。料理台高度的基本计算公式为：身高 ÷2+5 ～ 10 厘米，但最好请客户亲自到样板间现场确认高度。确认高度时提醒业主务必换上室内拖鞋。如果客户身高较高，也务必确认抽油烟机的高度。

微波炉的位置

　　如果客户不打算在炉灶下方做嵌入式微波炉，最好在设计之初就确定好微波炉的摆放位置。确定微波炉的位置是听取客户需求时最重要的内容之一，因为设计师必须根据微波炉的款式和型号在其上方和侧面预留间距。此外，若客户使用微蒸烤一体机，通常体积会很大，相应地间距也需调整，这点应该特别留意。

厨房小家电的使用状况

　　除了电饭煲和多士炉，其余厨房小家电呈现逐年增加的趋势，如电热水壶、手摇研磨机、咖啡机、电炸锅等，如果使用频率高，需要全部摆在厨房，就必须事先预留摆放位置。而且务必记得跟客户确认是否打算安装洗碗机。

食品储藏室

很多人都有储存食材的困扰，食品储藏室也成为近年客户必定会提出的设计要求之一。步入式食品储藏室具有隐蔽性，整理起来很方便，不过会占用过道，所以如果厨房空间有限，应该首选墙面收纳。

步入式食品储藏室

沥水架

务必预先确认食物清洗后的临时摆放位置。即使大多数家庭有洗碗机，也需要临时摆放的位置。

垃圾箱的位置

垃圾的分类方式因地区而异，处理方式也因人而异，因此有必要提前听取客户的诉求。垃圾箱的标准摆放位置是在水槽下方的开放空间。

抽屉的必备数量

很多人喜欢把所有物品放入抽屉，然而抽屉只适合收纳质量较轻的物品，如筷子、刀叉等用具，不适合收纳碗、盘之类有一定重量的餐具。抽屉的进深受到滑轨的限制，其存储量并不会比开门式橱柜大很多。此外，抽屉式收纳柜和开门式橱柜的价差很大，抽屉式收纳柜多加1个抽屉会增加几万日元预算。所以如果客户出于使用便利性的考虑，提出抽屉式收纳柜的设计请求，务必将以上情况一一告知客户，再次确认客户的设计要求。

⋮ 借助结构图和承重墙算法说明墙壁的配置情况

对客户来说，结构图很难看懂，更有可能完全看不懂。然而承重墙直接影响户型设计和窗户配置，设计师必须跟客户说明设计方案中承重墙的种类（板材承重或钢材斜撑）、用量（是日本建筑基准法规定的几倍）、配置情况（承重墙配置是否平衡）等。倘若采用了提高抗震性能的简易工法，最好也一并说明。顺便说一下，即使客户没有提出任何要求，我的事务所也会**按照建筑基准法规定的 1.5 倍设置承重墙数量，实现均衡的配置**。

结构图

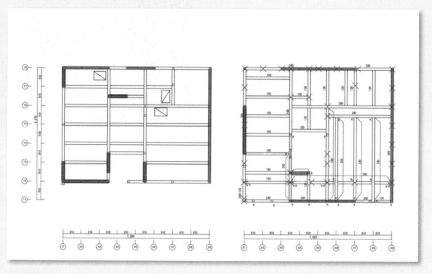

承重墙数量计算（部分）

楼层	墙面	地震	风	墙体必须达到的长度	设计的墙体长度		倍数	地震力的倍数
				长边				
2	东西方向墙	839	760	839	根据①	2046	2.43	2.43
2	南北方向墙	839	1165	1165	根据②	2376	2.03	2.83
1	东西方向墙	1622	1565	1622	根据③	2682	1.65	1.65
1	南北方向墙	1622	2090	2090	根据④	3458	1.65	2.13

↑以高于 1.5 为目标

给排水设备图和设计紧密相连

设备图是用来展现建筑内外管线的图纸。 在设备图上采用平面标注的形式说明设备的配置情况，因此需要跟客户说明的项目并不多，例如是否每层楼都设置卫生间，卫生间内是否配备洗手池等。

在设备图上应该标注清楚管道线路，比如铺设管道的位置，天花板降低的范围，地面下设检查口的位置等，给客户展示设备图时加以说明，客户立刻会明白。

另外，我们还要确认是否要在室外或阳台安排洗车用或灌溉用的地插出水接头，假设在室外安装，需要预先确认是采用立式水龙头，还是直接做地下埋线处理。

给排水设备图

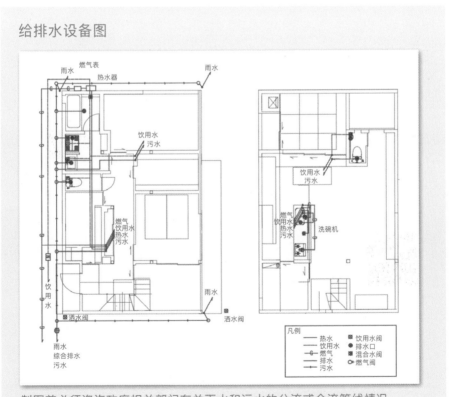

制图前必须咨询政府相关部门有关雨水和污水的分流或合流管线情况

⋮ 设计师也要懂得跟客户说明电路图

电路规划和日常生活密切相关，所以我的事务所会在确定平面图、立面图和剖面图后，立即进入讨论如何规划电路。

一般而言，普通住宅建筑无须配备专职的电气设计师。所以建筑师最好事先总体把握一下电路规划的情况。

电气设备图是展现照明、换气、接口、开关等的平面配置图。 一般自建住宅的电气设备图上不会标注电线的直径和数量，而照明设备直接关系到开关的配置，所以必须注重区分线路。

我推荐采用下图这样的电气设备图，将产品照片、路线和设备全部标注清楚。如此一来，无须给业主提供满是文字的说明书，利用几张图纸即可说明设计内容。越来越多的住宅制造商已经开始使用这样的电气设备图。

电气设备图

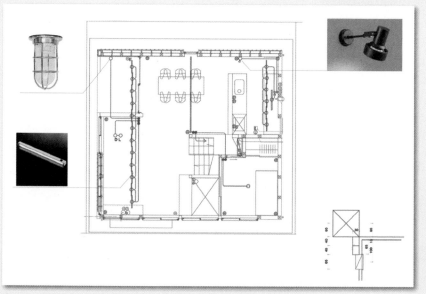

在设计图中浅色的细线有助于帮助客户理解电气设备配置

由于电气设备相当复杂，向客户汇报时最好按照从宏观到微观的顺序，比如按照"冷暖设备→通信线路→换气→照明→插座"的顺序进行说明。

空调

设计师应该先说明调节冷暖的空调。下意识排斥空调的客户有很多，倘若住宅隔热做得好，会比安装其他任何供暖设备都节能环保。不过夏天一定需要冷气设备，无论如何都必须安装空调，所以最好考虑将空调作为主要供暖设备，会节省初始成本。但是，近年来空调的进深越做越大，非常显眼。如果是带传感器的款式，很难将它藏在空调百叶窗里，所以有必要将它安置在不太显眼的位置。

另外，室外机以及暴露在外墙上的管道的塑料套管实在不美观，因此原则上应该安装在从街路上看最不明显的位置。然而，大多数情况是已经在这些地方设置了用水空间，因而必须做隐蔽式管道。

如果做隐蔽式管道，需要注意室内外管道的套管位置左右相反，从室内看套管在空调的左侧。

网络、电视等

接下来看看网络、电视、电话等通信弱电设备。网络方面，城市地区大都采用光纤设备。个别地区也可能会采用有线电视附带的网络，通常情况下有线电视附带的网络价格偏高，所以大多数家庭会选择光纤网络。采用光纤网络，使用通话费用较低的"光纤电话"，也省去连接金属电话线。

电视的话，一般是通过天线接收地面数字信号，或通过光缆接收信号。

另外，如果考虑使用 acTVila 日本电视门户网站（互联网视

207

频服务）或参与互动节目，需预先在主电视机周围做好连接有线局域网的准备。共享或统一管理录像数据同样需要配置有线局域网。

如果采用光纤网络，无法直接切换成有线电视网络，因此可以考虑在光纤网络的终端设备周围布置有线电视线路。

换气

厕所、浴室（含更衣室）、厨房需注意换气。换气通常采用只具有排气功能的第三种换气。浴室的换气扇是否采用兼具浴室除湿的功能的款式，厨房的换气扇是否选用兼具吸气和排气的款式，需要事先跟客户确认。

照明

照明方面，首先应该把表现美感的照明设计要点和规则告知客户。例如尽可能减少照明产品的种类。为了避免照明灯具过于显眼，卧室开关最好设置在房间内，用水空间的开关最好设置在房间外。每个房间安装 2 ～ 3 处插座，并根据电器的摆放位置确定插座的具体位置。尝试列出必备家用电器的一览表，你会发现数量非常多。尤其需要特别留意不常使用的电器，季节性家电和偶尔使用的烹饪家电，不要有所遗漏。最后务必注意不要因为想做足准备而到处安装插座。

必备家电确认清单

冷暖调节、空调换气
- ☐ 空调（200V 或 100V 专用电路）
- ☐ 各种排气扇（多为直接连接）
- ☐ 电风扇

循环器
- ☐ 电热毯
- ☐ 被炉
- ☐ 暖风机
- ☐ 空气净化器
- ☐ 加湿器
- ☐ 颗粒取暖炉（接地）

厨房电器
- ☐ 冰箱（接地）
- ☐ 洗碗机（100V 专用电路接地）
- ☐ 微波炉（100V 专用电路接地）
- ☐ 微蒸烤一体机（100V 专用电路接地）
- ☐ IH 电磁炉灶台（200V 专用电路）
- ☐ 电饭煲
- ☐ 电烧烤炉
- ☐ 电热水瓶
- ☐ 电热水壶
- ☐ 咖啡机
- ☐ 搅拌机、料理机
- ☐ 电动打蛋器
- ☐ 家庭记账本、cookpad 用笔记本电脑

家务、清扫
- ☐ 熨斗
- ☐ 吸尘器
- ☐ 充电吸尘器、蒸汽清洁机

盥洗电器
- ☐ 洗衣机（接地）
- ☐ 吹风机
- ☐ 充电剃须刀
- ☐ 电动牙刷
- ☐ 烘干机

卫生间、浴室
- ☐ 卫洗丽智能马桶盖（接地）
- ☐ 浴室除湿机（专用电路）
- ☐ 24 小时泡澡浴缸 [1]

电视、音频设备
- ☐ 电视机
- ☐ 电视信号接收器
- ☐ 有线电视机顶盒
- ☐ DVD、高清录像机
- ☐ 游戏机
- ☐ 收音机

电脑、网络、手机
- ☐ 智能手机充电（充电器接头）
- ☐ 电脑、显示器
- ☐ 打印机（适配器）
- ☐ 扫描仪（适配器）
- ☐ 路由器、调制解调器、终端设备（适配器）
- ☐ 电话、传真（适配器）

照明
- ☐ 台灯
- ☐ 插座式间接照明灯
- ☐ 插座式夜灯
- ☐ 充电手电筒

其他
- ☐ 电钢琴等电子乐器
- ☐ 鱼缸氧气泵
- ☐ 削笔器

室外
- ☐ 燃气热水器
- ☐ 化粪池鼓风机
- ☐ 圣诞树
- ☐ 电动工具
- ☐ 高压清洗机
- ☐ 割草机

译注：

1.24 小时泡澡浴缸是指可以在全天任意时间泡澡的浴缸。这种浴缸利用 24 小时不间断地热水循环过滤装置将用水循环、净化并保温。使用 24 小时泡澡浴缸，既能省下换水和打扫浴槽的时间和家务劳动，又能实现在喜欢的时间随时泡澡，无须提前再加热。

5: 向客户展示实物，再确定材料的样式

各类表格的制作方法

施工设计图不仅包括图纸,还包括各种格式的文字说明,如"规格书"和"规格表"。制作表格并不需要绘画功底，但需要建筑师具备大量的知识和丰富的经验，因此对设计事务所的新人来说，这是项艰巨的工作。所以向客户展示所选材料和设备的实物至关重要，帮助客户形成直观的感受。

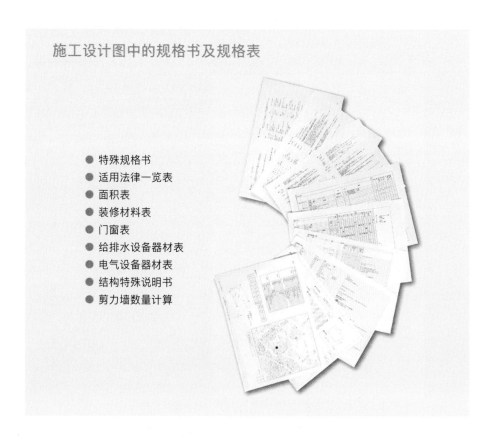

施工设计图中的规格书及规格表

- 特殊规格书
- 适用法律一览表
- 面积表
- 装修材料表
- 门窗表
- 给排水设备器材表
- 电气设备器材表
- 结构特殊说明书
- 剪力墙数量计算

∶ "装修材料表"和实物共同展示

　　客户和设计师最关心的表格之一是"装修材料表"。应该事先取得外墙、内墙、地板等主要材料长约 30 厘米的样品，向客户展示"实物"，再确定将使用的材料。

　　同时有必要跟客户说明实际使用材料时颜色会有所变化。连成一片的大面积墙面会看起来更明亮，色彩更加鲜明。尤其是接受阳光直射的外墙，其颜色会比样品看起来更亮丽。如果选择浅灰色的样品，在室外其效果几乎和白色材料没有差别。而且长年使用后墙面会变脏，所以尽可能避免使用纯白色的墙面材料。

　　尽可能准备尺寸稍大的材料样品，可以当场在实际光照条件下确认颜色。而且不妨事先与厂家确认是否有可供参观的完工案例。

同时向客户展示装修材料表和尺寸较大的材料样品。借助模型或彩色透视图更容易帮助客户理解设计概念

⁝ 尽早确定瓷砖的铺贴方式

在装修环节，家庭主妇们最纠结的项目就是瓷砖。

要想让瓷砖看起来美观有三大要点。一是正确"分配"。墙体的宽度和高度必须恰好是"瓷砖尺寸＋接缝尺寸"的倍数±边缘接缝尺寸。二是考虑"转角（阴角和阳角）和边缘"。处理圆形和六角形瓷砖的边缘通常很麻烦。另外，可见的瓷砖转角边缘或许有必要考虑重新上釉。也可视使用场所选用隐蔽砖。三是注意"接缝的颜色和宽度"。即使选用同款瓷砖，也会因接缝的颜色不同而出现完全不同的"表情"。若想调整接缝的宽度，只有采用"团子贴法[1]"（并非整面铺贴，一块一块地铺贴）的方式，否则无法调整，采用这种铺贴方式会对整体外观和接缝产生影响。

想要瓷砖铺得美观，必须进行各种调整。倘若因为客户想法太多迟迟不做最终决定，导致无法按照上述三大要点进行的案例也不少。我建议最好在设计初期同客户到样品室确认实物，并明确告知客户"现场无法修改"，修改起来难度会非常大。

⁝ "门窗表"很复杂。最好一同到样品室确认材料

门窗表是用来录入铝合金门窗和木制门窗规格的表格。铝合金门窗的规格非常复杂。必须跟客户说明的项目包括铝合金门窗的尺寸和开关方式，纱窗的开关方式，颜色，玻璃的种类等。特别在选择玻璃时，即使已经确定使用中空玻璃，这类组合式中空玻璃，除了可以选择组合透明玻璃外，还可以选择组合压花玻璃、夹丝玻璃、安全玻璃、防盗玻璃、防火玻璃、高隔热低辐射玻璃等。

仅看表格很难帮助客户在脑海中形成概念，所以设计事务所的项目负责人**不妨同客户到样品室，逐一确认包括实际使用感受在内的所有细节**。

若采用木制门窗，除了同客户确认开关方式，还应确认清楚是否配锁和把手，门把手的形状等。若玄关门选择使用木门，需要跟客户确认是否安装纱门。

务必确认操作推拉下悬窗和下悬窗的动作

⁝ 确定"设备器材表"要考虑成本

　　自建住宅的客户，没有一个不关心设备器材。凡是委托设计事务所做设计的客户，对设计的认知程度都比较高。毕竟设备和器材无须"设计"，选择即可，所以客户自己也能做好。尽所能做出最好的选择。

　　不过，一旦客户对设备有所坚持，追求使用某个零部件而导致预算增加 3 ～ 5 万日元。此时，客户往往会认为"总体预算几千万日元，增加几万日元，不是什么大事"，但是俗话讲得好，"积沙成丘，积少成多"，假设增加 5 万日元的项目有 20 个，这会比预算多出 100 万日元。只要建筑整体设计理念合理，且空间性能良好，无论采用什么设备，都不会改变建筑物的价值。

举个例子，即使客户已经决定选用无水箱马桶，整体空间也不会因此变好。从设备本身来说，如今无水箱马桶并不罕见，从客观实际情况来看，有无水箱是个无关紧要的问题。换个角度思考，假设在马桶周围贴瓷砖，或者采用上方间接照明等，在建筑物本身花心思，即使投入同样多的金钱，也更能引人注目。

关于产品的效果，可供选择的产品一定不如定制设计的产品。 正因为如此，每次我给客户提供高性价比的产品清单时，都会告诉客户"如果您原本对采购设备有特殊的资金计划，不妨花在装修上吧。"

设备器材表

∷ 原则上设备器材和五金件也要在样品室确认实物

设备器材和门窗把手之类五金件的照片往往看着很不错，看到实物，却觉得很廉价。这类成品无法获取样品，但可以在五金店看到实物，所以最好请客户提前去确认实物。

在五金店也可以买到其他小配件，比如毛巾架、卫生间卷纸架等。很少有客户会在设计阶段先确定这类小零件，因为可供挑选的产品太多。假设客户"暂定"购入一些配件，会导致后期陷入多次修改图纸和预算的窘境，这会浪费很长时间。最好的方法是事务所先提出标准的规格表，客户认可后，再付款订购。但是无论采取哪种方式，在安装前一定要求客户做出最终决定。

∷ 讨论空调和百叶窗

尽管安装空调在建筑完工后才会进行，但是不管何时安装空调，对客户来说，自行挑选空调有一定难度，客户会经常挑选到超出使用功能需求的机型，因此设计事务所最好提出一些挑选的建议，会让客户觉得很贴心。**建议客户尽可能购买 APF（年能源消耗效率）数值较大、进深较小、28 ～ 40 平方米的空调**。如果是开放式格局的高隔热住宅，安装两台空调足以确保整栋住宅的冷暖调节。

百叶窗帘的选择与窗框和下方墙面有很大关系，因此交给客户自行挑选恐怕会有困难。特别是不委托专业公司进行现场测量时，设计事务所跟进客户做出选择会更顺利。确定百叶窗帘的种类和安装方法后，不妨在订购尺寸、规格等方面给予客户建议。

⁝ 实际案例是最佳汇报工具

为了让客户准确掌握建筑物的整体情况，最好的方法是请客户在建成的建筑中亲自体验。因为模型、手绘草图、图纸是在模拟建筑表现，其真实感绝对无法与建成的建筑匹敌。

在实际尺寸的建筑中，无法通过照片感受到的开放感，空间衔接，从窗户看到的景观，材料的质感，光线的进入方式，明暗，物品使用的难易程度等都可以捕捉到。像这样能够带给客户真实体验的"建筑实际案例"才是终极汇报工具。

即使同一位设计师，如果设计前提条件和客户需求不同，也会最终提出完全不同的平面规划，施工工艺，甚至建筑成品。但是，设计师的独特品位和思考方式应该是相通的。把真实的体验感分享给客户，即使完工后稍有出入，也不会出现本不应该是这样的情况，并且更能加深客户对设计概念的理解。

⁝ 可供参观的住宅

如果建筑师的设计事务所不在自家住宅内，那么向客户公开自己建筑作品的最便捷方法是"可供参观住宅"。虽然很多人会认为免费参观开放住宅的目的是获取新客户，其实是为住宅处于设计阶段的客户提供参观机会。事先准备好开放参观住宅和正在设计中的住宅的图纸，图纸比例尺保持一致，客户参观的过程中，当下用尺测量宽度和室内高度等实际尺寸，一边比较，一边感受空间的实际大小。客户在参观过程中，如果发现开放参观的住宅和自家住宅在装修和装饰的部分有所不同，可以现场探讨并对比优劣。

216

⋮ 竣工后的开放住宅

开放参观通常在客户搬家入住之前进行，但竣工后再参观的
情况也是很多见。刚竣工的房子，屋内还没放置东西，所以看起
来会很清爽。参观完工几年的房子，屋内摆放了家具和杂物，展
现出一定程度的生活感。这才是家真正的样子。

完工后的住宅，其室内的温度也会发生变化，客户可以现场
跟住户打听使用的便利程度，清洁难易程度，日常维护，空调冷
暖风的使用情况等。

⋮ 施工期间的参观会

客户在施工过程中前去参观现场，有助于判断隔热和结构等
与性能相关的设计是否合理。对性能管理非常自信的施工公司会
经常举办结构参观会，有机会不妨参加一下，听一听他们对结构
和隔热的想法。

有些施工公司，只要提前预约，随时可以到现场参观。即使
只看看平时施工现场的清扫情况，对选择施工公司也有参考价值。

免费开放参观的住宅

译注：
1. 团子贴法是铺贴瓷砖的一种方法，指从墙体底部到顶部自下向上逐个铺贴瓷砖。团子贴法
是一种剥离较少的基础施工方法，用于室外易发生白化现象。

CHAPTER *6*

第 6 章
顺利完成现场监督的
六大要点

这一章会全方位介绍选择施工公司和现场监理的注意要点，
以及进行现场监理的秘诀。

1: 挑选施工公司 应先排除价格因素

⠿ "货比三家"可能会导致品质下降

　　设计事务所负责挑选施工公司时，通常的做法是根据三家施工公司提供的报价而最终决定委托的单位。这是因为对客户来说，报价是最简单易懂的对比指标，因此根据报价的金额选择施工公司也是客户最容易理解的方法。**但是，我认为从客户利益出发，不能说这是最理想的选择方法，货比三家，选择报价最低的施工公司会给人一种"便宜没好货"的感觉。**

　　和其他购物行为相比，建造房屋具有"超高单价""单品生产""签约时无现货"等特点。除非定制极其昂贵的商品，通常在签订建造合同时，客户无法在现场确认建筑的好坏，只能进行想象。

　　在合同期内，完工建筑的质量仍是未知数。如果只通过比较三家施工公司的报价而选择报价最低者，施工公司很可能会在现场施工过程中或多或少节省出这部分开支，可能会为节省安全措施的费用而选择价格低廉，品质较低的分包商，或雇用同时负责几个施工现场的工人，甚至缺乏经验的现场监理。

　　也就是说，如果把属于高级定制产品的建筑当作大量生产的廉价产品处理，仅根据价格的高低选定施工公司，即使施工公司没有偷工减料，或造成建筑缺陷，也有可能最终导致完工建筑的品质有所下降。

　　以前我曾遭遇过工期进度严重滞后，现场监理能力不足，甚至施工公司破产等棘手问题，现在回想起来，我觉得问题出在选择施工公司的方法是货比三家且低价者中标。

"货比三家"的缺点

| 雇用专业水平低的工人的可能性变大 |
| 管理跟不上，工期延误的可能性变大 |
| 价格越低，品质下降的风险越大 |

∷ "特殊指定"更容易和施工公司成为合作伙伴

说到底，现场的一切由人左右。设计完成度和工程进度会由工人和现场监理的能力左右。话虽如此，倘如你没实际跟进过一个项目，也无法掌握其中的真实情况。**因此，只有"技术能力过硬，有过往成功合作经验的施工公司"，我们才能自信地推荐给客户。**

特殊指定（指定一家公司）报价，不存在竞价，因此设计事务所必须判断报价金额的合理性。即使采用特殊指定的方式确定施工公司，若施工公司合理报价，充分考虑所有特殊情况，诸如是否有必要设置停车场，是否有必要设置脚手架，其报价也会接近我们计划中的价格。如果报价金额和预估金额相符，则无须对比三家公司的报价再确定最终委托哪家施工公司。

采用特殊指定的好处有很多。例如，在设计期间需要对施工方面的情况有所了解，或提前掌握一些贷款方面的预算情况，如果明确告诉某家施工公司，这单生意将会委托给你们，更容易得到他们的协助。而且每家施工公司所擅长的隔热作法，家具和门窗作法不尽相同，尽早确定施工公司可以减少修改图纸的次数。开展地质调查和确保地质情况的配套工作通常交给施工公司处理，提前确定施工公司，也不会再出现问题。

真正具有技术能力的优质施工公司，大都会对维护自身品质有较高的要求，所以，凡是因为肯定他们的技术能力而委托的项目订单，会大大增强施工工人完成任务的动机。另外，经过多次委托后，和施工团队的沟通也会变得顺利。毕竟，如果不能和施工公司成为工作伙伴，绝不会出色地完成工程任务。至少，特殊指定是住宅施工的最理想委托方式。

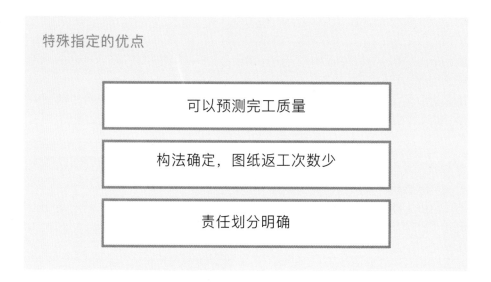

特殊指定的优点

可以预测完工质量

构法确定，图纸返工次数少

责任划分明确

⋮ 寻找新施工公司的方法

施工公司的施工范围通常在大约一小时车程的范围内。在项目现场周围，如果恰好没有既熟识又具备技术能力的施工公司，应该如何寻找呢？

最快速的寻找方法是浏览施工公司的主页。施工公司大致可分两大类，木结构建筑类和非木结构建筑类，你可以根据需求寻找。那些看起来很擅长和设计事务所打交道，也拥有技术能力和一定知名度的施工公司，一开始就会预想到绘制施工图和妥善施工管理的问题，即使面对同一个工程项目，往往报价会偏高。所以施工预算不高的小型项目往往不会委托这类公司施工。

专门从事改造的公司、主打销售新建住宅的公司、特许加盟经营的连锁公司，这类公司的技术能力不足，无法建成凝结了设计事务所心血的住宅，也无法委托他们施工。

我们应该找到这样的施工公司，老板的经营理念先进，企业经营管理体制健全，价格合理，同时具备较强的专业技术能力。公司自己承接的设计和施工项目完全足以维持日常运营，肯定也愿意承接一部分设计事务所委托的项目。

虽说各类施工公司的数量多如牛毛，但想要找到这样的施工公司却出乎意料地困难。在这种情况下，需要通过熟悉的施工公司帮忙介绍当地的施工公司。往往真正具有技术能力的施工公司会加入一些组织团体，平时也会积极参与学习研讨会，和同行之间建立一定的人脉关系。顺便说一句，我所委托的施工公司，老板们都彼此认识。在一个不熟悉的地区寻找新的施工公司，尝试在网上搜索之前不如先听听这些老板的意见。

良好的施工公司的基本条件

老板的理念先进，知识丰富

经营管理体制健全，价格合理

技术过硬，应用能力强

⋮ 调查施工公司时应该确认的事项

如果通过网页或者介绍人找到了高品质的施工公司，不妨拨打电话跟对方咨询一下具体情况，将施工地点告知对方，并询问施工可能性及报价。因为即使对方接受所有条件，也会出现不接之前没有过合作的设计事务所的项目的情况。还有单纯地因为工作繁忙，日程安排不过来，也无法承接施工项目。

如果对方同意承接施工项目，不妨和客户一起前去，和施工公司负责人见面了解情况并确认具体事项。首先应该确认该公司的报价单（事先取得联系时可以要求对方在见面当天准备好相似案例的图纸和报价单）。**查看报价单，可以大致掌握该公司的技术特色。**例如，单独看材料，可以看出这家施工公司的技术水平。如果家具、门窗、地板、楼梯等都采用大建工业或松下的现成产品，厨房选用系统厨房，卫生间是整体卫浴，外墙铺贴瓷，可以推断出这只是一家擅长组装新型建筑材料的施工公司。

另外，还可以从报价单上看出这家公司的服务费用收取比率，估算数量的方法，折扣比例的高低，各类建筑材料的基本单价和生产厂家。除此之外，还可以问问报价单是由谁负责制作，以及如何支付款项等细节。

针对木结构建筑，确认好上述事项后，接下来我的咨询重点是隔热工程。隔热工程密切关系到气密、通风、防水和结构，因此可以综合看出一家施工公司的技术能力。木结构住宅隔热工程的难度系数非常大，需要项目负责人具备一定的专业知识。如果施工工人不熟悉隔热的作法，会阻碍通风，或者出现在气密材料上打孔的情况。不妨询问这家公司平时多使用什么样的隔热材料，是否会设置屋顶通风，通风层周围的插座如何处理，会以何种程度的性能作为施工目标，如何进行施工管理，逐一了解这些情况后，就能掌握这家公司的技术水平了。

另外，还要对这家公司的施工特点有所了解。现在的年施工数量，自建住宅的比例，承接设计事务所的项目数量，木造技术工程师的人数，木匠和各类专业工人的雇用方式，所加盟的团体，是否可以适用住宅完工保证制度等，这一系列的问题都要问清楚。

施工公司接受项目订单后，应该确认实际负责现场管理的监督人员的年龄和工作经验，同期负责的住宅项目数量，将来住宅竣工后的施工公司的维护频率，绘制施工图和品质保证等实际问题。

　　和施工公司见面所谈及的内容一定会让客户听得一头雾水，所以见面结束后，请将谈及的内容向客户一一解释，并说明这家施工公司是否是值得信赖。

与施工公司讨论时需确认的事项

报价单上的确认项目		有问题	无问题
共同事项	报价单一式一份	有	无
	报价单以基础面积单位为基准	有	无
	几十万日元到几百万日元的附加折扣	有	无
	标注超出标准规格的高价产品	有	无
	变更会导致价格提升	有	无
其他工程	外部给排水另行计算	有	无
	采用成品停车棚	有	无
	外构工程报价较高	有	无
基础工程	约50平方米的价格超过100万日元	有	无
	废土处理费较高	有	无
木工工程	使用回收木材，注塑底座，白木树	有	无
	承重墙均采用斜柱	有	无
	楼梯采用涂有聚氨酯面漆的成品	有	无
保温工程	玻璃棉约50mm，屋顶隔热，无通风层	有	无
屋顶工程	外观采用殖民地风格坡屋顶	有	无
防水工程	阳台退台，FRP防水	有	无
外部门窗	玄关门采用铝制成品门	有	无
钢骨工程	无钢骨工程	有	无
内部门窗	采用木纹贴皮的成品门窗	有	无
外装工程	陶瓷壁板	有	无
内装工程	采用涂油聚氨酯面漆的复合地板	有	无
	更衣室和卫生间采用塑胶地面	有	无
瓷砖工程	只在玄关贴瓷砖	有	无
定制家具工程	采用木纹贴皮成品家具	有	无
抹灰工程	仅基础采用灰泥收尾	有	无
涂装工程	仅山墙和檐底涂装	有	无
杂项工程	遗漏项目	有	无
	扶手、玄关雨棚采用铝制成品	有	无
电气工程	采用标准规格和标准数量	有	无
给排水设备工程	采用标准规格	有	无
卫生洁具工程	洗手台采用塑料制品	有	无

信誉良好的施工公司，几乎所有项目都没问题。

2: "估算数量" 是调整成本的关键

超出预算时的处理方法

如果完全听取客户提出的所有要求，预算一定会较之前有所增加。以我至今设计了 50 多栋住宅的经验来看，恐怕只有为数不多的几次进行得很顺利，一次到位，没有超出预算。压缩施工费用最直接的方法是讲价。降低价格自然会让客户高兴，但毫无缘由的降价实际上是勒紧了施工公司的脖子，勒紧了监理人员的脖子，最后会导致施工质量下降，造成客户的损失。**在保证施工质量的前提下，降低价格的正确方法是仔细审核报价单后，再制作一份适当减少数量的预算表。**首先仔细核对作为价格基准的数量和单价。

数量 × 单价 ×（1+ 服务费用率）+ 消费税 = 报价
● 数量→设计事务所自行估算
● 单价→和以往项目的单价进行比较

一般情况下，设计事务所核定报价单的方法是，以三家施工公司提出的数量为基础判断数量是否有效。但是，实际上设计事务所能够自行估算数量，并不需要等待收到施工公司的报价单再估算。积累一定经验后，小型住宅项目应该可以在两天内估算出所有材料的用量。至少，我认为设计师应该先把最熟悉的内外装面积计算出来。在我的事务所，一般都采用特殊指定的方式确定施工公司，作为一贯坚持的工作原则，我们会在施工公司报价之前同施工公司确认材料用量。

接下来应该确认单价。物价上涨在所难免，也没有办法，但如果采用特殊指定的方式确定施工公司，我的事务所会要求施工公司沿用过去项目中的材料单价进行计算。

也有一些施工公司直接使用分包商上报的数量和单价，所以只需要认真核对报价单上的数量和单价，就有可能减少数十万日元的支出。

估算基准图

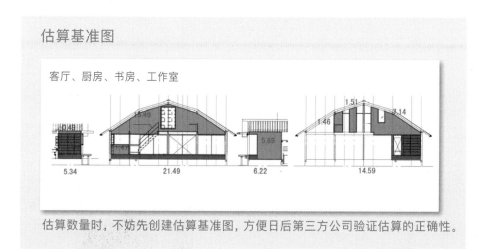

客厅、厨房、书房、工作室

3.49

1.51

3.14

1.46

5.89

5.34   21.49   6.22   14.59

估算数量时，不妨先创建估算基准图，方便日后第三方公司验证估算的正确性。

漏算和重复计算

如果在报价中出现了遗漏的项目，我们会跟施工公司要求重新报价。即使明确约定了图纸和报价单的先后顺序可以采用特殊规格书的形式，如有遗漏的项目，会在工地现场引起纠纷。

只有设计方和施工方相互信任，才能顺利实现报价调整。如果设计事务所想和某家施工公司建立长期的合作关系，最好避免只指出对方的利益点，只字不提有损对方利益的问题。

针对住宅项目，通常容易漏算的项目包括玄关雨棚、检查口、信箱、扶手、5 倍承重墙的胶合板等。

⫶ 使用技巧可有效减少数量

在报价单上减少数量时最有效的方法是彻底删除某一项。更换材料只能找回一点差价，总价并不会便宜多少。不过，彻底删除一些项目，例如地暖、太阳能发电、厕所的洗手池，可改成现成产品的家具，可延后完成的植栽和围栏等，可以大幅度降低施工费用。

另外，更换某些材料会涉及多个工种的工程，也可以有效调整报价总额。例如，洗脸盆的施工会涉及家具、门窗、设备器材、瓷砖、镜子、涂装等，如果都换成现成的产品，可以大幅降低预算。浴室和厨房也如此。当然，有些地方你有特殊的追求和设计，可以视情况取舍。

⫶ 客户自主施工的部分仅限于涂装

客户参与施工也是节省施工费用的方法之一。其中客户可以自行施工的项目主要是涂装工程。如果只刷刷清油，非专业施工工人也可以轻松完成。我接触过的客户，其中大多数都会自己完成地板的涂装工作。除了地

客户涂装

板，如果客户还可以完成踢脚板、楼梯、门窗、家具的涂装，仅涂装这一项就可以节省数十万日元的开支。交房后客户再给地板刷油也来得及，但是在墙壁施工之前，必须先完成门窗框、踢脚板、定制家具的外观和楼梯的涂装。周末才有时间施工的客户应该做好时间安排并保证按时完工。按照正常的工期安排，施工公司必须要求客户在指定的周末完成涂装工程。

虽然泥水施工也可以交给客户自主完成，但是很难将大面积的泥水施工全部交给客户。

⦂ 客户自行采购材料不如想象得轻松

　　另外一个降低报价的方法是"客户自行采购材料和设备"。一般来说，报价单上的材料和设备的价格，除材料和设备本身的价格外，还会额外加收约 10% 的安装服务费。施工公司以分期付款的方式从贸易公司或建材批发商购入设备，进货原价会高于网上购买的最低价格。如果客户以最低价格在网上购入材料和设备，会与之前报价单上金额产生价差。这样的做法固然可以省钱，但会引发以下这些问题。

- 选择适合现场的产品（确认是否可以进行施工、安装）
- 下单（确认是否有库存）
- 现场收货，配送到施工现场
- 验货（如缺少零部件，或质量有问题）
- 处理包装材料

　　其实道理很简单，想要节省部分预算，客户需要相应承担风险，自主调查、自行购买。由于操作起来相当麻烦，如果没有做好心理准备，自行购买操作简单的产品，相对稳妥一些。

　　特别是水龙头之类的和给排水相关的零部件，数量繁多，组合复杂，即使行业内的专业人员也很难完全掌握，因此这类产品不适合客户自行采购。相反，马桶、炉灶、烤箱、洗碗机、空调和照明设备等产品都有完整包装，自主购买相对容易一些。

　　但是，体积较大的产品会妨碍施工，所以最好能在接近施工日期时将这些大型设备运到施工现场。如果客户工作日需要上班，周末才有时间，为配合工期安排将产品送达现场，恐怕会比较困难。另外，施工公司会在指定日期安排施工工人到场作业，如果在指定日期设备没有到位，或缺少零部件，客户需额外承担安装费用。如果客户无法承担以上提及的所有风险，设计事务所最好不要建议客户自主采购产品。

3. 现场监理的关键

⫶ 反复确认墙壁位置和高度控制

　　调整报价，提交报建申请，签订施工合同后，紧接着正式进入现场施工阶段。下面我以木结构住宅为例，说明现场监理的一系列流程。通常签订合同后，进入施工前会有一段空闲时间，利用这段时间，**首先应该检查主体结构（木结构住宅需要检查基础详图），再整理"墙壁""窗框和木框""地板接缝材料""门窗"的位置**。事先跟施工公司询问他们预估的门窗厚度和预留尺寸，只要认真算出尺寸，并在1:50的图纸上标出尺寸即可。

　　同时，关于高度尺寸，必须再次确认"主梁和次梁的高度""基础和桁架的高度"，做好最终的调整工作。这一系列工作是各类施工图的基础，因此最好也交给施工公司或预制公司。

　　针对基础混凝土施工图，必须逐一确认图上所有尺寸，并用马克笔做好标记。特别是桩位移和玄关门的切口宽度等需要确保尺寸正确。基础中若需要加入辅助钢筋，也要标注正确尺寸。

主梁和次梁的高度控制

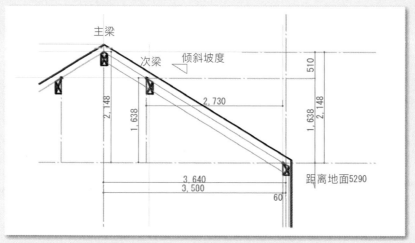

与其在整体剖面详图中标注尺寸，不如绘制简单的草图，更让人一目了然

基础混凝土施工图

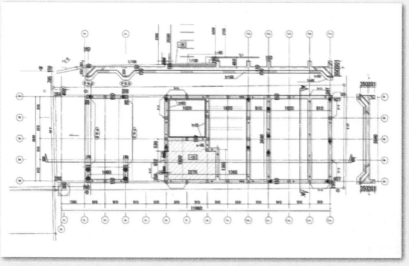

在剖面详图上检查尺寸时，最好使用马克笔标注检查过的文字和数字

　　结构五金必须按照日本建筑基准法或 N 值计算（用于选择柱头、柱脚五金件的简化计算）进行配置。**通过计算 N 值，即使采用固定螺钉代替梁柱固定栓，也务必在可能发生松动的柱体周围设置基础螺栓。**由于梁柱固定栓是基础连接处的必备构件，因此在基础混凝土施工之前必须完成预切图。还要注意避免出现基础螺栓干扰基础下设管道的问题。此外，需要注意不同种类的梁柱固定栓，其埋入深度也有所不同。

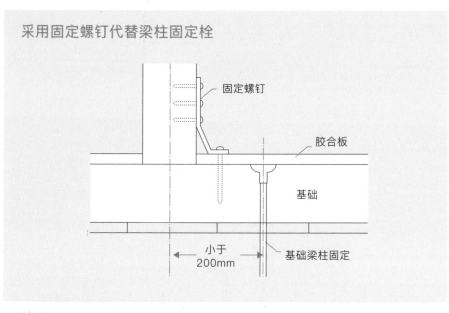

采用固定螺钉代替梁柱固定栓

固定螺钉

胶合板

基础

小于 200mm

基础梁柱固定

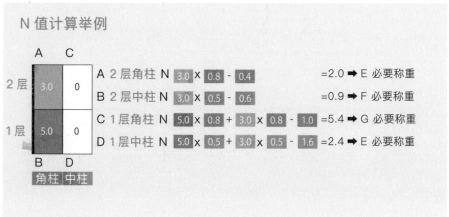

N 值计算举例

	A	C
2 层	3.0	0
1 层	5.0	0
	B	D
	角柱	中柱

A 2 层角柱 N 3.0 x 0.8 - 0.4 ＝2.0 ➡ E 必要称重

B 2 层中柱 N 3.0 x 0.5 - 0.6 ＝0.9 ➡ F 必要称重

C 1 层角柱 N 5.0 x 0.8 + 3.0 x 0.8 - 1.0 ＝5.4 ➡ G 必要称重

D 1 层中柱 N 5.0 x 0.5 + 3.0 x 0.5 - 1.6 ＝2.4 ➡ E 必要称重

套管图（用于表示给排水管道在基础下方的管道位置、高度、口径的图纸）需要注意不要忽略空调的隐藏管线。各类管线的节点最好设置在方便日后定期检查的位置。

如果施工公司没有提供混凝土的调配报告，需要提醒对方。如果发现坍落度，水灰比，单位水量，强度并非一般配比，务必请施工公司先口头告知，再在特殊规格书中做好记录。

套管图

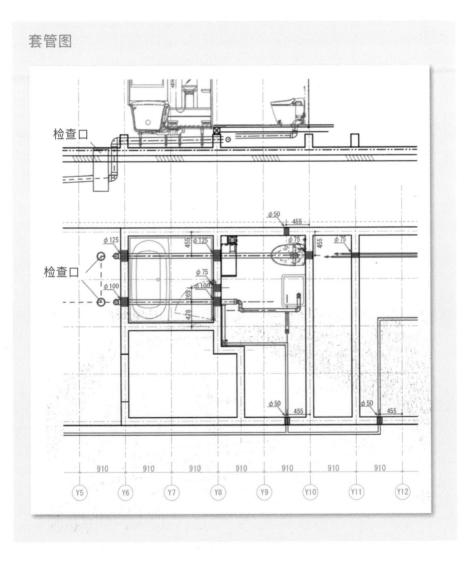

233

钢筋检查时需重点检查特殊部位

钢筋检查，是检查每根钢筋的直径、间距、固定和接头长度是否和图纸相符。不熟悉这项工作时不知道该检查哪里，所以最好准备一份像右页那样的检查清单。

钢筋检查应该重点检查条形基础梁和下方图层之间的距离。因为条形基础梁和模板的搭配精度要求很高。由于日本建筑基准法明确规定瑕疵保险成为强制保险项目，这部分会有第三方介入检查，所以钢筋检查时需要检查的项目并不多。因此，监理人员最有效的检查方法是重点检查设计内容。

首先应该检查在框架图中已经确认过的桩位移，尤其是基础和玄关的开口两个位置。这两处基础螺栓数量繁多，容易出现错误，所以务必逐一确认螺栓的位置。确认梁柱固定栓在埋入时是否偏移，是否固定，埋入长度是否正确等。检查的最后一项任务是，务必和现场监理人员商量浇筑混凝土的工序。

钢筋检查 钢筋检查时必须对照检查清单逐一确认

钢筋检查的确认重点

宅　钢筋检查清单	年　月　日　检查人：
■一般事项	
·基本水平设定　建筑基准位置	□ 维持建筑基准位置不动
·建筑物配置(和边界线的距离)	□ 钢筋检查时同时确认地基的准确范围
·排水管至终端池的倾斜度 是否足够	□ 注意终端池深度是否出现较浅的情况
■模板检查	
·中心线位置	□ 全数确认。发生偏移的位置应该重点检查
·基础深度和高度	□ 特别是建筑外围下沉的尺寸, 也要注意检查深基础的部分
■钢筋检查	
·钢筋直径,钢筋芯的间距,数量	□ 全数确认所有角落
·固定(35d),接头(40d)的长度	□ 钢筋间距200 mm,分成3段(直径为d13时,固定40d的 长度为520 mm)
·钢筋与模板之间的距离尺寸	□ 底板下部至少60 mm,和土层至少40 mm,其他部分至少 30 mm
·开口和边角部位等的补强钢筋	□ d13钢筋上下左右各1根
·玄关的基础部位钢筋	□ 有无切割钢筋的必要
■基础螺栓检查	
·梁柱固定栓的规格、位置、长度	□ 全数确认
·基础螺栓的规格、位置、长度	□ 全数确认 □ 基础螺栓的规格、位置、长度
■套管	
·配管套管,给排水,煤气	□ 全数确认
·2层卫生间的排水套管	□ 容易忽略,需注意
·空调隐蔽式管道用的套管	□ 容易忽略,需注意
·开口加强	□ 全数确认
■其他	
·防潮板破裂修补	□ 用胶带等修补
·模板内的垃圾	□ 清除
■浇筑前的最终确认	
·确认调配计划书	□ 没有需补充,携带小型复印件到现场
·施工日期　施工开始时间	□ 施工日期(　　　)　施工开始时间(　　　　)～
·浇筑量	□ 浇筑量(　　　) m³ 混凝土搅拌车(　　　)吨/车
·水泥工厂的位置	□ 施工开始时间(　　　　)
·气候和养护方法 (特别是夏季和冬季)	□ 天气(　　　)　养护方法(　　　)
·砂浆弃置点	□ 地点(　　　　)是否需挖坑?　用桶装?
·安排检查人员	□ 第三方检查后开始浇筑

※ 清单中的每个检查项目都必须拍照保存

混凝土浇筑时务必到场

混凝土浇筑时有许多必须确认的事项，所以务必亲自到场。

混凝土搅拌车到达现场后，绝不可以立刻开始浇筑。必须先由第三方完成坍落度检查，再由现场监理人员给出开始浇筑的指示。而且一开始从搅拌车流出的混凝土必须倾倒在模板外，不可使用。倾倒前需挖好坑，做好弃置准备工作，以免破坏工地周围环境。

请检查混凝土搅拌车出发的时间，从而确认坍落度。从搅拌到浇筑完成的时间，夏季（高于 25°C）至少需要 1.5 小时，其他季节需要 2 小时。

坍落度现场确认

我的事务所通常以 15 作为坍落度标准

一开始流出的混凝土需倾倒在模板外面

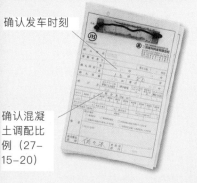

确认发车时刻

确认混凝土调配比例（27–15–20）

⠇ 检查木料时避免出现可能出现的"问题"

所有现场工作中，现场监理的重点检查项目是木料。这部分需要确认的项目有很多，以下我们只列出具有代表性的几处重点。

确认重点

首先必须再次确认建筑物的结构特征和重点。除了悬臂梁、错层阶梯、L形平面的阳角等明显的位置外，还需要注意承受风压的挑空梁柱，跨度较大的梁体，集中负荷承重的梁体，四面开口（受力）容易出现柱体损坏等问题。

同时务必和施工人员一起同生产加工工厂的设计人员商量并检查组装结构，避免出现结构问题。

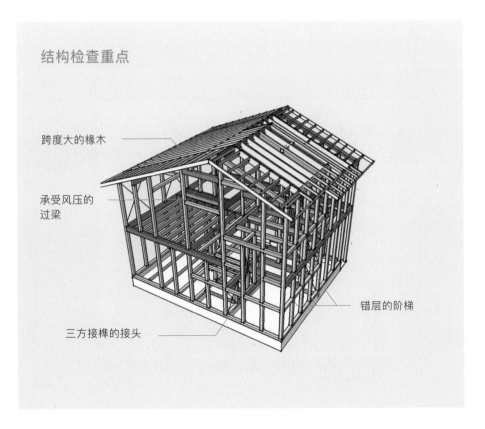

结构检查重点

跨度大的橡木

承受风压的
过梁

三方接榫的接头

错层的阶梯

　　进入木料检查阶段后，不可以出现较大的改动，但是，例如增加梁体的尺寸至 30 毫米，将更换梁柱前后位置，将榫卯接头改为梁支架五金接头，增加次梁等无法避免，必须进行修改。

确认规格书

　　完成结构重点检查工作后，必须检查规格书。这部分的检查方法与之前将平面图作为检查目录的方法恰好相反。这是因为先确定木料，才能确定梁高。确认木料的规格时，必须参照规格书和设计图纸。以我的事务所的规格书为例，基础多采用 KD 板或柏木板，柱体采用"未经预加工"的杉木 KD 板，梁体选用俄勒冈州松木板，210 毫米以上的梁体会特别指定杨氏模量 E110 或更高的木料。地板的厚胶合板，如果有榫头，则使用黏合剂在垂直于横梁的方向上交错拼接，如果没有榫头，在每约 1 米的间距中以 60 度角插入梁托，与梁平行铺贴。

　　关于减少中间柱体的规则，与施工公司讨论后决定。如果为了凸显设计而必须采用外露梁，我会告知施工公司，不要先做接榫的接头。

结构要点

木材出库	上梁	下梁	柱体	短柱	角椽	细梁	手工加工	五金接头

层高		柱材加工		
1 层地基上端距桁架上端 ___mm		部位名称	用途	用途	加工尺寸
2 层桁架上端距桁架上端 ___mm			大支柱 ✓ 杉木	KD 材 ✓（特级）	120×120 ✓
3 层桁架上端距桁架上端 ___mm		大支柱	门廊柱 桧木	KD 材	118×118 ×
※接口以实际接合剂为准	管柱 ✓	※所有柱体都"未经"预裂处理	×
3 层层高	边柱 ✓	大支柱✗ 所有柱体都是原木材	×
(0.50)(5.00) 接合板 (t24)		大支柱 ✓ 杉木 ✓	KD 材 （特级）	120×120 ✓
2 层层高 2535 接合板 (t24)	短柱 ✓	一般 ✓ 杉木 ✓	KD 材 （特级）	120×120 ✓
1 层层高 2665 不接合板 (t24)	出墙 局部采用装饰材 杉木 KD 加工	118×118
	如有可能，采用美国花旗松	×

床间内缘	○大壁 ○真壁	橱柜	○大壁 ○真壁
柱体包裹	◉有 ✓ ○无 ○无	角柱偏移中心点 ○有 ○无	○向内偏 ○向外偏
		边角凹槽 ○有 ○无	
柱体打磨	◉手工抛光 ○砂纸打磨	楼梯柱 距桁架上端 ( )mm	门廊柱 距地基上端 ( )mm

柱体选材已经尽全力做到万无一失，随着时间的流逝，仍可能出现裂缝，敬请理解。

柱体凹槽加工 ○有 ○无	榫卯

基本检查

完成规格确认后，必须对照设计图确认柱梁的尺寸和排列。特别需要注意偏离中心线的梁柱。梁体高度在基准高度基础上用止或负来表示。坡屋顶下方的桁架或梁体必须重复斜切，高度通常以高点为准进行标注，不以轴芯为准。这些规格特别容易出错，所以同时附上手绘草图进行再次确认。

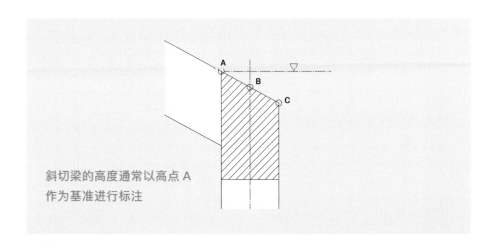

斜切梁的高度通常以高点 A
作为基准进行标注

外露材料检查

在木料图纸上，所有外露材料都用阴影标注出来。

所有外露材料都是用纸包裹好，再运送到施工现场。因此外露材料上不会出现商品标签，施工时必须注意木料的方向，避免弄错。

柱角处的 R 形缝

而外露的胶合板，同样需要注意确认标签方向，朝上还是朝下，哪面是抛光面等。另外，预制胶合板和 2 层地板上柱角之间通常会出现一条 R 形的缝隙。为了避免这类情况的发生，务必在 2 层柱角与胶合板接合处预先设计出凹槽（槽口）。

接榫和接头检查

　　梁体和基础的接口位置避免安排在水平方向上应力最小的部位。如果没有在设计图中明确地标注出来，木料工厂通常会准备3～4米的木料，假设发现结构上存在问题，必须调整为连续梁或调整接头位置。另外，原则上避免在承重墙上设置接头。面对3面或4面接榫的柱体，或大梁上承载着多根梁高较大的次梁时，我的事务所通常会采用梁金属支架工法作为补强。至于集中承重的柱脚的接头，以及和悬臂梁的根部相互作用的柱头和柱脚的接头，会统一采用补强套管作为处理方法。

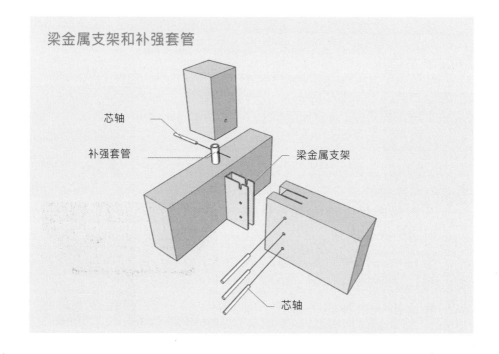

梁金属支架和补强套管

芯轴

补强套管

梁金属支架

芯轴

与电气设备的关系

　　确认与电气设备是否协调也是检查木料的重点内容。通风方面特别需要注意厨房的抽油烟机。由于在规划厨房布局时，已经确定好抽油烟机的位置，此时需要检查排气管道与梁柱的位置是否发生冲突。如果梁柱影响排气，将现有梁柱改成两根，排气管道置于中间。如果排气影响梁柱，可以降低天花板的高度，改变次梁的方向等。

　　若排水管和梁柱发生冲突，可参考排气管道和梁柱发生冲突的解决办法。卫生间排水位于1米宽的正中央，很容易和次梁发生冲突。这种情况通常也采用改变次梁的方法处理。

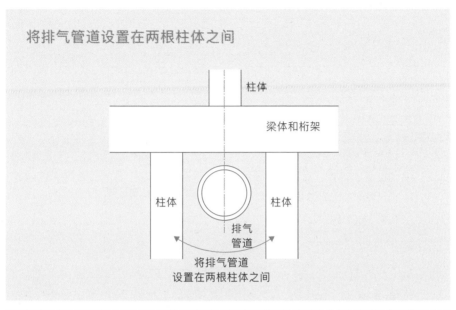

将排气管道设置在两根柱体之间

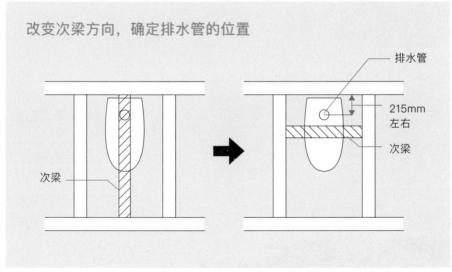

改变次梁方向，确定排水管的位置

一般来说，完成结构骨架组装工程后再考虑铺设电路。但如果是2层建筑，在1层和2层地板或天花板尚未完工前，必须确认托梁和布线空间，并视情况调整层高。

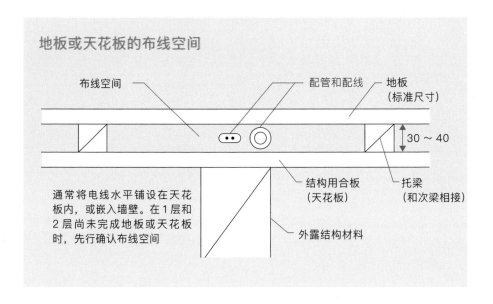

完成天花板铺设后，也务必注意光线网络管线和配电主线。尽量不要贯穿梁体，假设有多根管线贯穿，最好考虑增加梁高的尺寸。

配电盘上方一定会集中分布多根管线，如果天花板较高且梁高尺寸较大，也可能出现电线无法嵌入墙内的情况。面对这种情况，我们可以采取对墙壁淋灰等方法解决。

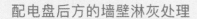

配电盘后方的墙壁淋灰处理

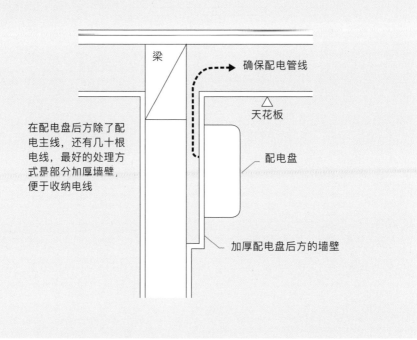

梁

确保配电管线

天花板

配电盘

在配电盘后方除了配电主线，还有几十根电线，最好的处理方式是部分加厚墙壁，便于收纳电线

加厚配电盘后方的墙壁

与收边和设备器材的关系

天花板高度必须由梁体下方的管道布线决定。如果只有电线，横梁下方到天花板板材的距离至少为 15 毫米，如果有电线配管，距离至少预留 30 毫米，才不会出现问题。另外，窗台和门楣（指正门上方门框上部的横梁），因为会承受很大的水平应力。如果柱体之间距离超过 1 间，最好加入新的柱体进行支撑。

记得确认书架和钢琴等重物下方的梁体尺寸。2 层的整体卫浴、钢骨阳台、楼梯、玄关、雨棚等承重较大的位置，在检查木料时，不妨额外加入专用承重梁。

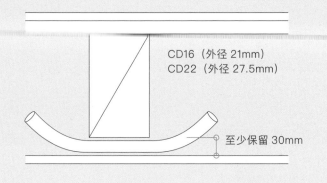

出现管道时，梁体下方必须保留至少 30 毫米的空间距离

CD16（外径 21mm）
CD22（外径 27.5mm）

至少保留 30mm

五金件

五金件确认是木料检查中的隐藏要点。基本上以螺栓为首的补强五金件在使用时都不允许裸露在外，而且很多时候无法直接用于连接屋顶和窗框。因此，选择使用五金件时需要考虑材料、使用位置和安装方法。

梁体的端部必须使用螺栓连接。由于每家木料加工厂需使用的螺栓的符号都不相同，所以最好事先跟木料加工厂获取符号一览表。每个螺栓都配有 2 个螺丝帽，有设计图上会标示出每个螺栓是否有安装孔，并根据收边材料判断是否需要雕凿安装孔。

在通天柱中加入横梁时，必须在横梁的上方和下方安装螺栓，如果梁体下方或上方都必须安装窗户时，必须注意安装位置。外露梁体应该避免方孔钻或梁支架五金。

如果两者之间角度较小，屋顶的爬升梁可以直接与水平桁架接头。如果角度较大，必须使用带螺母的螺丝五金件补强。下页图是采用带螺母的螺丝五金件补强的例子。

螺栓一览表

螺栓符号一览表（例）

	羽子板螺栓孔	螺栓隐藏孔
	无	无
	无	有
	有	无
	有	有

方孔钻的符号一览表（例）

	孔洞的朝向	隐藏孔
	上	无
	上	有
	下	无
	下	有

螺栓的标记

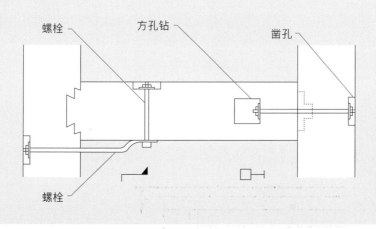

螺栓　　方孔钻　　　　凿孔

螺栓

爬升梁的安装方法

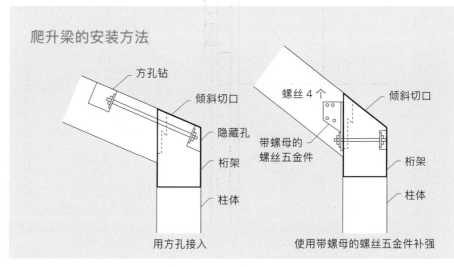

方孔钻
倾斜切口
隐藏孔
桁架
柱体
用方孔接入

螺丝 4 个
倾斜切口
带螺母的
螺丝五金件
桁架
柱体
使用带螺母的螺丝五金件补强

　　木料的接头位置也会影响五金件的安装方式。比如，作为承重墙上方与坡屋顶下方的爬升梁，因为在桁架和主梁上接头，必须采用锚固的方式直接将爬升梁与柱体连接。

∶ 上梁前重新整理屋顶端部

　　为确保上梁后可以立刻进入屋顶铺设，充分利用木料骨架的预制加工期间，**和施工公司把檐端（天沟）和山墙端缘（遮雨板）的节点细节落实好**。在贴屋顶面板的阶段也必须清楚屋檐前端的檐口檩条、封檐板的尺寸。另外，在此期间，我还会准备上梁时会用到的贴合实心胶合板的黏合剂，以及贴在胶合板接头处的气密胶带。另外，还要确认上梁时需要搬运到现场的各类钉子、五金件、隔热材料、结构饰面材料的规格等。

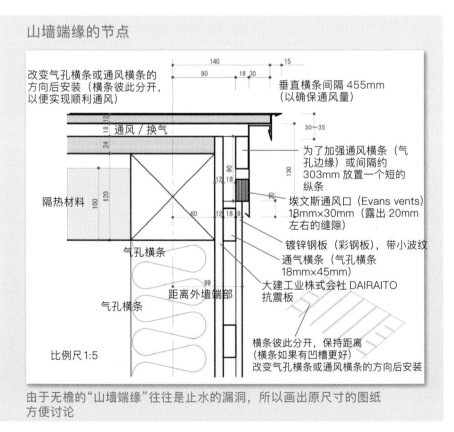

山墙端缘的节点

改变气孔横条或通风横条的方向后安装（横条彼此分开，以便实现顺利通风）

140　　　　15
90　　18　30

垂直横条间隔 455mm（以确保通风量）

通风 / 换气

30～35

为了加强通风横条（气孔边缘）或间隔约303mm 放置一个短的纵条

隔热材料

埃文斯通风口（Evans vents）18mm×30mm（露出 20mm 左右的缝隙）

镀锌钢板（彩钢板），带小波纹通气横条（气孔横条18mm×45mm）

气孔横条

大建工业株式会社 DAIRAITO 抗震板

距离外墙端部

气孔横条

99

横条彼此分开，保持距离（横条如果有凹槽更好）改变气孔横条或通风横条的方向后安装

比例尺1:5

由于无檐的"山墙端缘"往往是止水的漏洞，所以画出原尺寸的图纸方便讨论

订购门窗时需确认交货时间

如果打算安装防盗玻璃，通常会导致交货时间推迟，因此必须在上梁前，甚至更早的阶段订购门窗。订购门窗时，必须先设想门窗节点和安装百叶窗的方法，并整理成门窗订购一览表和客户确认。事先准备好草图向客户展示，可以避免出现客户误解窗户打开方向（左开门或右开门）和玻璃种类的情况。

门窗安装详图

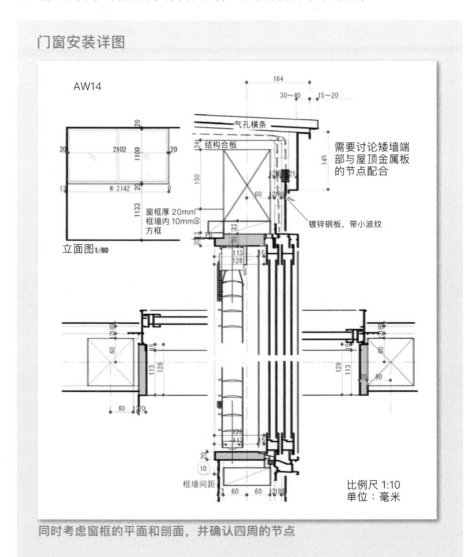

AW14

气孔横条
结构合板

需要讨论矮墙端部与屋顶金属板的节点配合

镀锌钢板，带小波纹

窗框厚 20mm
框墙内 10mm
方框

立面图 1/80

框墙间距

比例尺 1:10
单位：毫米

同时考虑窗框的平面和剖面，并确认四周的节点

门的开关方向

准备好草图，便于向客户展示窗户的开关方向

　　根据日本民法规定，假设建筑距离邻居窗户不足 1 米，客户有权请求执行隐私保护。因此必须根据此条规定，决定玻璃的种类和遮挡物。

　　门窗的选项很多，如窗框的颜色、开门方向、纱窗类型、窗扣件的位置、把手类型（外推出窗）等。玻璃也分为浮法玻璃、低辐射玻璃、夹丝玻璃、压花玻璃、防盗玻璃等多种类型，同时必须确定玻璃的厚度和密封胶的种类。另外，即使低辐射中空玻璃，也要注意区分玻璃的颜色，确认采用保温型或隔热型材质。

　　对外的窗口一般采用组合式中空玻璃，利用上述各种玻璃进行组合后，玻璃的规格会非常复杂。

　　为了避免组合窗框和玻璃出现问题，设计事务所最好事先同施工公司确认门窗加工的采购订单。待所有材料运抵施工现场后，尽早和监理人员一起确认产品情况。

在上梁日确认外墙、屋顶和地板材料

上梁日是屋顶、外墙、地板材料的最终确认日期。设计事务所最好提前向材料商获取大面积的样品，并在工地现场的光线下向客户展示材料的效果。同时确认建筑用地内的滴水线和排水管。另外，在上梁当天，还要注意确认隐藏在结构面材内部的五金件，进场的材料（合板、保温材料，结构用五金件、钉子、通风材料等）。

注意中间柱和门窗框周围的墙壁

完成上梁，铺完屋顶，完成外墙周围五金件的安装工作后，接下来就是加入中间柱和铺贴结构面材的工程。如果窗户周围的施工没有特殊说明，通常是指与柱体内侧厚度相同的窗台、窗楣和中间柱。而在我的事务所负责的项目中，我会特别提出不在与袖墙相接的窗口设中间柱。

另外，5 倍承重墙和系统卫浴的配置空间出现问题时，不妨缩小真壁部位的中间柱尺寸。

指出设备配管的位置

上梁后，通常在铺设 1 层地板前，需要设备公司进入现场调查设备配管的位置。在他们开始调查前，你必须指出主要给排水管的位置。如果从设备器材表挑选了在墙壁内部使用的给排水器材，安装时会大面积破坏墙体结构，削弱基础，需要注意避免影响建筑本身的结构。

⋮ 电气设备的配置和确认

　　上梁完成后，大致确定了建筑的外形轮廓，对客户来说，此时会更加容易掌握电气设备的配置情况。**在隔热工程和电气工程正式全面开始前，你必须在展开图和平面图上画出所有电气设备的位置。**

　　在进行这项工作时，不仅要注意电路的引入位置、电表和配电盘安装位置，也必须考虑管道、主干线、柱体和中间柱的配置。设想安装使用后的便利程度，家电和家居的摆放位置的同时，要同客户一起到现场——确认所有尺寸和规格。

　　开关和插座是客户最关心的项目之一，如果采用旋钮式开关，必须根据实际情况确认开关的尺寸，另外，也需要根据实际情况确认插座面板的样式。

　　除此之外，在考虑空调摆放位置同时，请确认是否采用隐藏式配管。

⋮ 边框、端部、收边和轨道

　　在进入地板铺设工程前，也必须确定好地板的铺装方向。如果选择采用实木合板铺设地板，不必考虑梁体的方向。同时需要确认玄关的框架，2层楼梯挑空部分周围地板边缘的位置和细节，滑动门轨道的位置，地板的收边材料与配置。

标注电气设备的展开图和平面图

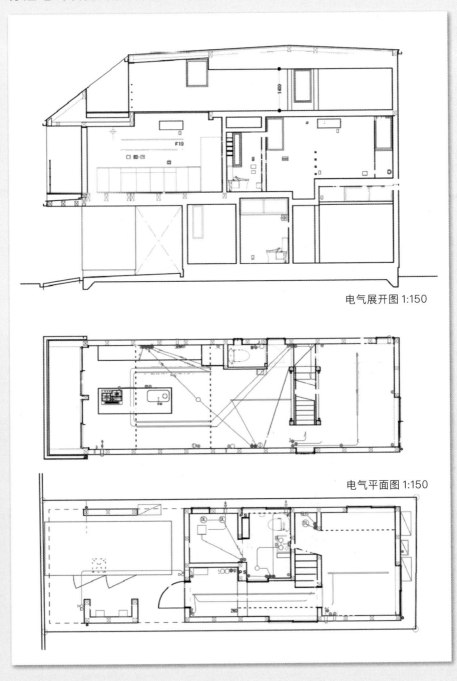

电气展开图 1:150

电气平面图 1:150

251

⋮ 确认楼梯和扶手

　　楼梯的细节繁多，所以务必在现场再确认一次相关的尺寸。除楼梯本身和挑空周围的扶手外，必须跟客户确认预防将来（入住后）可能发生跌落的防坠网的安装方法等事项。

楼梯详图

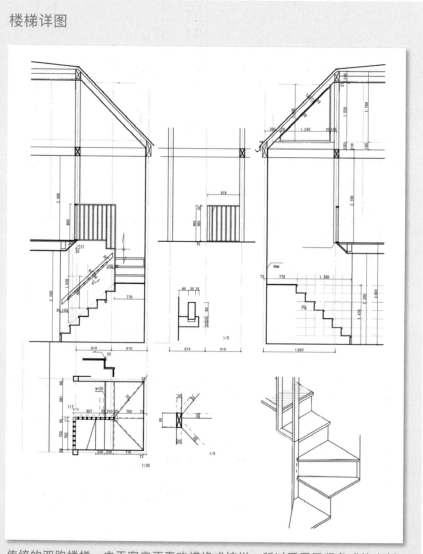

传统的双跑楼梯。由于客户不喜欢横格式护栏，所以采用了竖条式的木制护栏

家具配置细节

在现场施工的最后阶段，主要任务是绘制家具详图。木工工程中定制家具的位置只有在完成周边板材铺设后才能确认，所以完成收边工作后，需要立即确认家具的摆放位置。而且应该在施工现场再次确认设计上的所有内容，例如家具各部位的尺寸、门的开关方向、材料、颜色、隔板数量、面板的种类等。考虑到施工过程中出现的误差，可能需要现场略微调整尺寸。因为加工制作面板需要一定时间，所以需要提前和客户讨论，并安排订购。

厨房详图

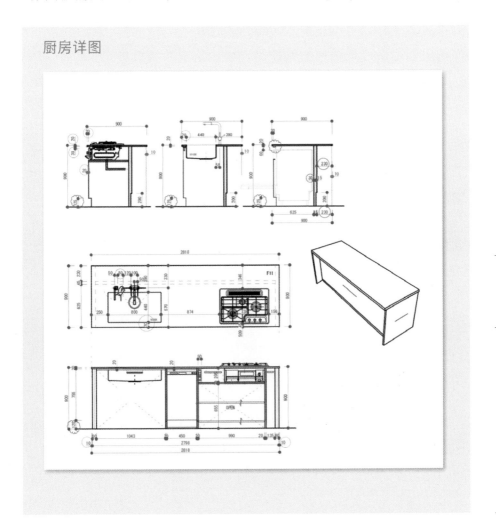

4. 多半的问题源于订购失误

⋮ 订购出错会造成金钱和时间的浪费

材料的订购和验收确认是现场监理人员（现场负责人）的重要任务。 如果延误了订购时间，导致建材未运抵现场，就无法进行下一道工序，整个工期也会因此延迟。另外，如果订购的建筑材料出现错误，无法退货的建筑材料也将成为经济负担。

最糟糕的情况莫过于使用了错误的建材施工。举个例子，假设你订错了水泥，又使用错误的水泥打了基础。再设想一下，假设你误读了图纸上的尺寸，大多数情况下还可以局部修改弥补损失，如果用错了材料，而且施工已经完毕，恐怕只能将现有工程全部推翻，重新施工，从头再来一遍。**所以面对施工工期要求非常严格的项目，下错订单造成的损失非常致命。**

即使不是这么严重的错误，负责现场监理的过程中，有时难免也会出现类似的订购失误。

订购出现的失误，虽然不是源于设计师的错误指示，设计师也不应该被追究责任。但是，倘若设计师和监理人员通力合作，建立双重检查机制，可以最大程度降低出现订购失误的概率。

⋮ 尽可能避免现场临时变更

导致订购材料设备和装饰材料出现错误的最常见原因是"在现场临时变更"。许多客户认为在现场临时更改材料是应有的权利，现场监督人员的工作只不过是"按照图纸施工"。所以设计师有必要事先跟客户解释清楚，如果多次更改，不仅会导致现场监理忙于调查和做预算等额外工作，也有可能无法真正完成"品质管理"的工作，甚至可能会影响建筑的完成度。

另外，如果发生变更，为了避免变成传话的游戏，最好以书面形式详细记录客户所需的颜色、型号等信息。

⦚ 图纸和报价单不匹配

有时会出现图纸和报价单不匹配的情况，而经验不足的现场监理人员会只查看报价单，就立刻下单采购。为了避免采购出现错误，务必在特殊规格书中注明图纸和报价单的优先顺序，并在签订合同前再次确认两者是否匹配。

⦚ 需要注意辅助材料

瓷砖和油漆之类的辅助材料大都在施工现场才能最终决定，因此在设计阶段不必先把辅助材料确定下来。但是，千万不能小看辅助材料。例如，**如果弄错了瓷砖接缝的颜色和宽度，需要全部重新贴一遍，所以务必特别注意。**

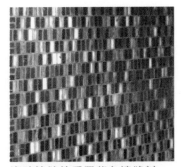

瓷砖接缝处采用紫色填缝剂

通常辅助材料可以全部委托施工公司负责，不过偶尔也会出现"如果有多种选择，请务必在订购前与我确认"的情形。例如，经验丰富的监理会事先询问瓷砖接缝的颜色，而资历尚浅的监理可能会擅自决定。

⁝ 制作订购确认清单

在订购之前，如果监理能确认一遍建材的所有选项，便可以减少上述订购失误。所以不妨先列出有待确认的建筑材料的种类，需要特别注意的项目和选项，再交给施工公司。我的事务所通常会将下面的订购确认清单直接放在特殊规格书中。

订购确认清单

基础类

☐ 混凝土配合	水灰比、坍落度、与设备的距离
☐ 预埋螺栓	埋入长度
☐ 基础填充	外围通风部分、气密部分、内部
☐ 给水分流管	是否采用

框架和地基类

☐ 椽子材料和中间柱材料	材料种类、尺寸
☐ 结构钉	制造商、产品名称、长度
☐ 椽子用螺丝	长度
☐ 结构五金	各部位的N值
☐ 胶合板	耐水等级、润饰等级、标示朝向
☐ 胶合板用胶粘剂	住宅用木材的认证
☐ 结构用面板	产品名称、厚度、尺寸
☐ 石膏板	厚度、种类（特别涉及防火和准防火时）

隔热和通风类

☐ 隔热材料	各部位材料的产品名称、隔热等级、厚度
☐ 通风主体材料种类	尺寸、是否有气孔
☐ 通风材料	制造商、产品名称、种类、颜色
☐ 用于地盘的气密胶带	制造商、产品名称、种类
☐ 透气防水片	制造商、种类

屋顶和排水管类

☐ 屋顶材料	屋顶铺设方式、材料、颜色、有无波纹
☐ 屋顶覆盖材料	制造商、种类
☐ 挡雪板	形式（连续、单次）、颜色
☐ 纵檐沟	颜色、粗细、管卡尺寸
☐ 前挂式檐沟	颜色（含内部）、固定方法
☐ 雨水口	颜色、形式

外墙和窗框类

☐ 外墙材料	同一固定部位材料
☐ 控水	尺寸、形状、颜色
☐ 外墙角特殊材料	弯曲或墨鱼形

□ 异种材料	材料的主次、有无接缝
□ 窗框	颜色、移动方向、纱窗
□ 玻璃	种类、空气层厚度、低辐射玻璃的颜色、朝向

润饰材料类

□ 框架材料	树种、尺寸、油漆
□ 地板材料	方向、接缝
□ 榻榻米	厚度、榻榻米芯、榻榻米面材材质、颜色
□ 瓷砖、石材	接缝材料的颜色、种类、铺装方式
□ 瓷砖接缝材料	制造商、产品名称、颜色
□ 涂料	颜色、亮度、混合方式
□ 填缝材料	种类、颜色

门和家具类

□ 滑动门轨道	制造商、产品名称、种类、材质
□ 把手	制造商、种类、颜色、原材料
□ 锁	种类、颜色、有无显示或紧急解锁
□ 木制门窗隔扇	材质、木纹方向、颜色、处理方式、扶手
□ 家具搁板架托	产品名称、材质、嵌入安装方式
□ 抽屉轨道	种类、产品名称、可拉出的尺寸、关闭缓冲装置
□ 滑动铰链	开关尺寸、关闭缓冲装置
□ 暗榫	种类、直径
□ 衣柜挂衣杆	种类、产品名称
□ 不锈钢柜台	有无回水设计、防水台表面处理
□ 下水道回水弯	形式（套件或瓶装）、材质

设备和电器类

□ 一般设备器材	产品名称、颜色
□ 一般电气设备	产品名称、颜色
□ 开关和插座	产品名称、颜色（特别注意非白色内墙）
□ 布线管道	颜色
□ 灯泡类	颜色、种类
□ 热水器控制面板	形状
□ 卫洗丽马桶盖控制面板	形状
□ 配电箱	颜色、形状
□ 户外罩	颜色、形状、有无护网
□ 空调机	型号、颜色、管道直径
□ 送气口	产品名称、颜色（特别注意非白色内墙）
□ 火警警报装置	颜色

各类建材

□ 一体化浴室	天花板高度、热水供应控制面板的位置
□ 地板检查口	产品名称、外框颜色
□ 现成铝制雨棚	有无预留悬挂门帘的孔
□ 信箱	产品名称、颜色

外构类

□ 外墙灰泥	润饰（刷子抹平、抹子抹平）
□ 室外连廊墩子	种类、尺寸
□ 室外连廊材料	材料种类、颜色

5. 左右施工工期的节假日和各类手续

⋮ 按照设计师提出的建议让施工更加顺利

　　制作工程进度表，做好工程管理，确保工程的实际进度按照进度表执行是施工公司的职责。施工工程师必须负责确认施工是否按照工程进度表进行，并向客户报告施工情况。

　　但是，完全按照工程进度表执行的施工并不多见，倘若施工期间设计师不多加协调，会导致工期拖延，为赶在指定日期交房，施工会变得更加紧张，也会造成开放参观向后推迟。

⁞ 签订合同前确定奠基仪式

如果客户提出举办奠基仪式，那么奠基仪式结束后才能开始施工。如果奠基仪式必须安排在周六或周日，或良辰吉日，再考虑到邀请出席奠基仪式人员，预约仪式场地的时间安排，这些可能会导致工程进度向后推迟半个月。如果为了举办奠基仪式而缩短整个工期，导致工程本身的安全性受损，这就彻底本末倒置了。所以，如果客户打算举办正式的奠基仪式，务必在签订合同前把日期确定下来。

根据我的以往经验，关东地区的大部分施工公司会认为奠基仪式可有可无。希望举行奠基仪式的客户大约占总体客户的一半。

正式奠基仪式

⁝ 上梁仪式也会导致工期推迟半个月

　　原则上，即使举行奠基仪式的当天下雨，也不会取消仪式，但举行上梁仪式的当天，如果遇到大雨或强风，一定会延期再举行。如果客户决定在周六或周日，或其他良辰吉时举行上梁仪式，这也可能会导致工期向后推迟半个月左右。举行上梁仪式的目的是慰劳施工工人，所以如果为了举行上梁仪式而迫使工期出现不合理的时间安排，反而给施工带来更多麻烦。针对这种情况，无论如何客户都坚持要在指定的日期举行上梁仪式，务必确保整体工期的时间安排宽裕一些。

　　在委托我设计的客户中，不举行任何仪式的占总人数的 1/4，不举行上梁仪式，上梁结束后在现场简单庆祝的占一半，举行上梁仪式并招待工人的占 1/4。

上梁

除了举行上梁仪式外，客户还打算赠送工人纪念品，不妨建议客户准备一些不会因为下雨推迟举行仪式而坏掉的礼物，红豆饭和便当无法长期保存。另外，举行仪式当天所有人都不会喝酒，所以建议简单准备一些清酒（或啤酒）和下酒菜。

⫶ 交房时的各类手续

交房前需要准备的各类手续中，监理直接负责的项目只有一项，安排完工验收检查。为了能顺利完成验收检查，最好尽早预约验收时间。与之相反，在这个阶段需要由客户完成的手续，可不只有一项了。

如果客户打算申请住宅贷款减税，申请条件是客户必须在住宅完工当年年内完成户口迁移，并立刻开始偿还住宅贷款。除此之外，如果客户打算申请减免建筑或住宅用地建筑固定资产税，必须在完工当年内安装电表箱，让住宅达到可居住的状态。

如果定在年底交房，签订合同时最好留意一下各类手续。如果客户手头有现金，正规的流程是先完成房屋验收检查，再支付尾款，最后进行登记注册，即按照"验收检查→支付尾款→取得钥匙→火灾保险开始执行→所有权登记→抵押权设定→开始偿还贷款→搬家入住→户口迁入"的基本流程进行。然而经常会出现意外情况，如果贷款没有下来，客户无法支付尾款，也无法变更住址，更无法登记房屋所有权了。

在日本，所有权登记需要确认房屋验收检查证书，但大多数情况下无须检查证书，所以可以在验收检查前完成所有权登记手续。另外，开始偿还贷款的前提是完成验收检查，因此流程会变成"户口迁入→所有权登记→验收检查→取得钥匙→火灾保险开始执行→抵押权设定→开始偿还贷款→支付尾款→搬家入住"的顺序。为了顺利执行上述所有流程，最好在交房前一个半月左右安排验收检查，并告知客户需要完成的各类手续。

火灾保险的报价

在施工期间火灾保险的被保人是施工公司，一旦客户取得钥匙，被保人则变成了客户自身。**为避免出现火灾保险空白期，最好能督促客户尽早对比各家保险的报价，并做出选择。**

新建建筑登记和户口迁移

户口迁入前，即距离施工结束前半个月左右，客户必须前往政府相关部门进行"新建建筑登记"，并取得住宅的编号。即使是重建，也可能因为建筑玄关大门的位置有所修改，而导致地址变更。这项手续有时需要两周左右的时间，所以最好建议客户尽早办理。

接下来要办理户口迁入。此时需注意的问题是，在搬家入住前，政府办公室可能会直接将文件邮寄到新房的地址，客户需要注意查收邮件。

所有权登记的安排

提醒客户安排并督促土地建筑调查员完成所有权登记的手续。有些银行会指定司法代书人，这点必须事先跟银行确认，如果银行不指定，可由客户自行寻找，也可请施工公司推荐。

所有权登记时，需要确认申请书的副本。这项工作通常由土地建筑调查员负责，如果验收检查时聘请的是政府验收机构，非私人机构时，需要注意取得验收检查证书的时间。

除此之外，工程完工证明、印章证明、工程代表证明书需要向施工公司索要。

取得住宅证明

获得住宅证明后，客户才能申请所有权保存登记和抵押权设定登记的税金减免，所以办理各类登记之前，必须尽早取得住宅证明。申请住宅时，需要确认验收检查证书和户口迁入证明等。另外，如果客户打算利用长期优良住宅或认证低碳住房申请住房贷款税金减免，提交申请前也必须取得住宅证明。

确认贷款执行日期

如果已经取得 flat35 贷款使用住宅资格，从公布合格通知到贷款开始执行需要大约两周的时间。需要特别注意的是，如果客户打算在年底施工期间享受住房贷款税金减免，必须在年底前开始偿还贷款，否则无法享受税金减免的待遇。

总之，提醒客户预估合格证的签发日期，并与金融机构及时协调贷款的执行日期，最好在收到合格证当日开始执行贷款。

确认是否可以开放参观

如果在父房前后客户允许举行开放参观，务必和客户确认日期和时间，是否采取预约形式，是否可以拍照等事项。

这个阶段大都忙于安装空调和百叶窗，客户自行进行涂装工程，因此，正好可以借此机会合理调整工期。

6. 完工后同时交付 建筑"使用说明书"

⋮ 建筑的使用说明书

购买电器产品一定会附赠使用说明书。这不仅可以预防使用者在使用过程中因超出生产商的预期而导致产品短时间内出现损坏，更是为了充分发挥产品本身的性能。

针对公共建筑，需要优先考虑建筑的安全性和耐用性，但面对住宅等特定少数人使用的设施，如果取得客户同意，可以优先考虑设计性，部分牺牲掉安全性和耐用性。但是，只要遵守一定的设计规范，绝大多数建筑都可以供客户长期使用建筑，安全且舒适。而且倘若设计师和客户关于建筑的使用理念保持一致，也可以避免建筑建成后产生纠纷。

我的事务所通常会准备一份写有详细使用规则的使用说明书给客户，约 3 张 A4 纸。 交房时，我会和客户一起阅读这份说明书，详细解释后要求客户签名和盖章。

使用说明书上记录的事项

使用说明书上记录的所有事项中，最重要的非安全事项莫属。比如客户家的小孩年幼时，必须确保家有扶手和开口较大的栏杆等地方设置挂网，防止发生意外跌落，如果窗户或扶手周围有放置家具，应该提醒客户小孩会攀高，可能会出现坠落的危险等，这些安全事项都要明确记录在使用说明书上。为了避免小孩在意想不到的地方发生跌落，最稳妥的做法是把存在危险可能的全部地点一一列举出来。

另外，务必记录有关防滑的措施。比如遇到降雨或降雪天气时，石头、瓷砖、混凝土抹刷等表面会变得湿滑，容易发生打滑事故。而且如果仅仅使用螺丝钉固定晾衣竿和扶手栏杆，并不会十分牢固，务必提醒客户不要悬挂其他物品，必须将所有有关防滑的事项记载在使用说明书中。

设计师也应该提醒客户注意操作各类设备器材。下面所有情况应该事先跟客户解释清楚。如果使用燃气或燃油的开放型家电设备，可能会导致出现一氧化碳中毒的风险。为了避免因室内空气污染而导致客户出现"新居综合征"的症状，应该保持换气扇24小时持续运行，尽可能不要关闭，为了避免墙壁内部出现结露，加湿器的湿度应该设置低于50%。

接着，最好将只有专业人士才懂的注意事项告诉客户。例如，玄关地板下方通常会设置水循环管线，所以应该避免洒水打扫玄关。更衣室若铺设了实木地板，避免长期将浴室防滑垫放置在实木地板上，容易滋生霉菌。建筑基础周围不要放置木材，容易引来白蚁。玻璃附近不要摆放软垫，玻璃受热容易发生开裂，而且不要在房间中央摆放书架，以免造成梁体弯曲。

另外，为了提高建筑的耐久性，应该定期为外墙、屋顶、檐廊等涂装，定期清洁排水沟和卫生间排水阀，以免发生堵塞或产生异味。在使用说明书中，也应该写清楚日常清洁和维护频率，会让客户备感亲切。

最后，为了慎重起见，最好也写清楚天然材料会发生破损、开裂、弯曲。

建筑使用说明书

○○ ○○宅　建筑使用过程中的注意事项　　　　20XX 年 X 月 X 日　　i+i 设计事务所 饭冢

【确保安全与规避危险】

● 请注意预防跌落。

室外檐廊、室内楼梯和挑空周围的扶手间距较大，横向护栏可能会夹脚。阁楼的扶手和桌子也可能会夹脚。孩子们玩耍时，或亲戚、朋友的小孩到家中玩耍时，请务必采取安全防护措施，如安装防护网，防止发生意外坠落。另外，应该事先告知小孩会发生上述危险的情况，强调现存的安全隐患，禁止攀爬和翻越栏杆，同时尽量确保小孩在玩耍时不要离开父母的视线范围。
餐厅的桌椅和出入日式房间的楼梯，也可能会引发危险，请家长留意小孩的动态。

● 请注意防止攀爬和其他可能发生跌落。

如果在檐廊扶手、窗户、挑空、楼梯扶手周围摆放家具，务必注意小孩在攀爬时，有可能会出现坠落的危险。另外，在楼梯周围、餐厅西北侧、日式房间西南侧、2 层卫生间的窗户，厨房和檐廊平台的推拉门，在开关门或者打扫卫生时，也有可能发生跌落的危险，请特别注意。

● 下雨或下雪时，请注意玄关周围可能发生滑倒事故。

门廊和停车场的水泥地面，玄关附近的瓷砖地面特别容易引发滑倒事故。遇到下雨或下雪天气时，应该多加注意。

● 请注意在卫生间、更衣室、浴室发生的滑倒事故。

卫生间、更衣室、浴室的地板遇水潮湿后，会变得异常湿滑。务必多加留，时刻保持干燥，有助于提升卫生间、更衣室和浴室的耐用性。

● 请不要关掉 24 小时排风扇。

在申请报建时，1 层浴室，1 层和 2 层卫生间的排气扇应该设置成 24 小时运行。请勿关闭。

● 请勿使用开放式取暖炉具。

该住宅为高气密住宅。因此，请勿使用燃油或燃气取暖设备，如开放式取暖炉，可能会导致客户发生一氧化碳中毒，而且会导致室内墙体发生结露（从节能角度来看，也不利于节约能源）。

● 照明请使用指定的照明灯泡。

请使用指定的照明灯泡。特别是荧光灯专用灯具，请勿改为使用白炽灯泡，必须使用指定的荧光灯。（如果是 LED 灯泡，请确认可以使用的 LED 灯泡的型号）

● 超出使用规范外的使用会造成损坏。

各类家具、收纳架、更衣室的洗手池等设备以及厨房操作台，都不能随意坐落。此外，晾衣竿和衣物悬挂管也无法承受人的重量，随意攀爬会导致物品损坏，甚至发生危险。
室外檐廊、楼梯和挑空周围的栏杆，室内外的扶手栏杆，都是为了防范跌落事故发生的预先采取的措施，请注意不要多人同时倚靠栏杆，或故意摇晃、攀爬栏杆。

● 夏季室外檐廊可能会出现高温。

木制檐廊在入夏后，可能会因太阳光线长时间照射而出现高温，高温会让人体感到不适。原则上请穿鞋进入。

● 配电管线有触电的危险。

现在正在使用的配电管线，如果电源已经开启，将手指深入管线会有触电的可能，因此，移动灯泡或触摸管线时，务必关闭电源后再操作。

【清洁与保养】

● 请定期清洁屋檐排水沟。

因在高处作业，在清扫过程中避免跌落。如有需要，可以付费委托施工公司清扫。

● 请定期清洁排气扇，排气口的过滤网。

过滤网的网眼如果发生堵塞，则无法发挥应有的通风性能。所以，请定期清理排气扇和滤网。

● 请定期清洁浴室的排水口

如果不进行定期维护，会产生异味。特别是夏季，请务必定期清理。

【延长使用寿命】

● 请勿洒水清扫玄关地面。

潮湿的鞋子和雨伞并不会对玄关地面造成影响，但如果用水管洒水，可能会导致一些不想看到的事情发生，如溅起水花或水顺缝隙渗入地板下方。所以我建议客户最好用湿抹布或拖把清扫玄关。

●浴室使用后，如果浴缸内的热水不立即放掉，务必为浴缸加盖。
这么做的目的是抑制浴室内的水蒸气弥散开来，保持浴室干燥，减少霉菌滋生。所以如果不放掉浴缸里热水，一定要盖上盖子。沐浴后务必将附着在墙面上的水滴擦干。除此之外，务必注意浴室门口的地垫也会滋生霉菌。

●请勿在地基周边放置木材。
堆放木材的地方容易出现白蚁，白蚁会沿着木材爬入地基，务必定期检查地基，预防白蚁进入地基。

●使用食用油进行烹饪后，最好不要立刻关掉抽油烟机。
用油烹饪的过程中，务必一直保持开启抽油烟机，有助于减少油渍在厨房沉积，保持厨房清洁。

●定期粉刷檐廊、外墙和屋顶。
务必定期粉刷木质檐廊。外墙也必须定期粉刷。屋顶使用的镀铝锌钢板材料保质期为 10 年，实际上可以使用 20 年左右，定期（约 10 年 1 次）粉刷可以延长材料的使用寿命。这一点请客户参考。

●请勿在 2 层地板中央或阁楼放置重物。
每层的设计荷载约为 180kg/m²，180kg 约 3 个成人的体重，大型书架等重物，恐怕会超出楼层的设计荷载。

●请注意不要过度使用加湿器。
如果通风充分，冬季室内会很干燥，过度使用加湿器容易产生结露。冬季保持约 50% 的（相对）湿度，有助于延长建筑物的使用寿命。

【不在质量保障范围的事项】
●实木、复合材料可能会发生弯曲，甚至断裂。
由于材料本身固有的性质，家具、橱柜、地板使用的天然材料或复合材料可能会出现变形，请理解这是正常现象。

●墙面的装饰材料会因底层木材的干燥、收缩而出现裂缝等。
内墙出现裂缝或间隙，也是材料的性质使然。

●门窗玻璃可能会出现结露。
所有开口都采用中空玻璃，正因为采用中空玻璃，才会导致结露现象的产生，请理解这也是正常情况。尤其停止 24 小时换气后，更容易产生结露。

●玻璃可能会因温差而发生碎裂。
即使没有对玻璃施加外力，玻璃也会因为表面温差而出现碎裂。尤其是表面覆有起到降低透视性的贴膜时，发生碎裂的概率会更高。另外，如果在玻璃旁边放置靠垫或面板，也可能会因为温度差而导致碎裂。请务必注意。

●大型门窗可能出现弯曲变形。
大型木制门窗可能发生变形。若变形导致门窗开启有困难，请自行联系施工公司处理。另外，如果家具的门板出现老化，导致开关不顺畅，请联系施工公司解决。

上述内容已全部确认。　　年　　月　　日

委托方　地址　　　　　　　　　　　　　签字　　　　　　　　　　　　　　盖章

根据"交付内容确认表"，上述内容委托人已经确认。

受托方　地址　　　　　　　　　　　　　签字　　　　　　　　　　　　　　盖章

⋮ 制作收尾材料、颜色、器材的清单

考虑到以后客户会进行日常房屋维修，更换材料，甚至改造，最好预先整理出一份清单，列出所有收尾材料和使用器材。如果施工公司没有时间整理，最好委托监理人员汇总表格。涂装的颜色最好用日本涂料工业协规定的代码表示。

收尾材料和器材清单

插座和开关见其他清单

某住宅新建工程		照明和电器设备			2015.11.15
批注	名称	生产商和型号		数量	备注
		生产商	型号		
已确认	吸顶灯	松下	LGB74103LE1 / 白光		LED插座可更换, 黄光
已确认	配线管	松下	颜色 / 白光		
已确认	对讲机	松下	VL-SWD210K	1	
已确认	开关 / 基本	松下	拨动式开关		
已确认	开关面板 / 基本	松下	拨动式开关金属盖板		有螺丝
已确认	开关 / 其他	神保电器	NKP 兼容 / 白色		新温和B系列透明塑料盖板, 无指定名称
已确认	开关面板 / 木材、家具	神保电器	NKP / 白色		
已确认	开关 / 木材、家具	松下	全彩系列 / 灰色		透明塑料盖板, 无指定名称
已确认	开关面板 / 木材、家具	松下	全彩系列 / 灰色		
已确认	定时开关	松下	WTC5331WK		开启即定时(1层鞋柜内, 厨房操作台内) 颜色:Cosmo系列白色
已确认	自动感应开关	松下	WTA1411W		自动开关 / 高端系列(1层玄关)
已确认	插座 / 基本	神保电器	NKP / 白色		
已确认	插座面板 / 基本	神保电器	NKP 兼容 / 白色		
已确认	插座 / 拨动开关	松下	全彩系列 / 灰色		透明塑料盖板, 无指定名称
已确认	插座面板 / 拨动开关	松下	新金属盖板 / 附螺丝		
已确认	插座 / 木材、家具	松下	全彩系列 / 灰色		透明塑料盖板, 无指定名称
已确认	插座 / 木材、家具	松下	全彩系列 / 灰色		
已确认	室外插座	松下	智能设计系列 / 白色		
已确认	外墙射灯	松本船舶	新零甲板系列 / 银色	2	玄关、入口、平台
已确认	外墙射灯	松下	LGWC45001W / 白色	1	预算外追加, 停车场内
	空调		客厅(隐藏管线)		吉田工务店采购
			主卧		
			儿童房(可移动)		
已确认	24小时排气扇	松下	FY-08PDS9SD / 白色		AY-W40SV-W / 夏普200V
已确认	24小时通风口	西邦工业	JRA100H / 白色		设置在1层卫生间

		名称	箱体	涂装	门窗	门窗涂装	备注
已确认	F1	鞋柜 衣柜	椴木LC t21 背板：椴木 t4 左右	OSMO/ 内外 兼用, 胡桃木色 #1261			活动搁板：椴木LC t21需 油漆 晾衣竿 25φ左右
已确认	F2	地面小幅抬升 的日式房间	椴木LC t30 橡木复合材 t30 结构胶合板 t24	VATON/ 大谷涂 料, 自然色收尾			正面 30cm×30cm
已确认		日式房间下方 的移动储蓄柜	椴木LC t21	VATON/ 大谷涂 料, 自然色收尾	椴木 LC t21	VATON/ 大谷涂 料, 自然色收尾	脚轮
已确认	F3	长凳	橡木复合材 t30 椴木LC t21	客户自行涂装		客户自行涂装	
已确认	F4	厨房柜台	椴木LC t21 背板：椴木 LC t4左右	VATON/ 大谷涂 料, 自然色收尾	椴木 LC t21	VATON/ 大谷涂 料, 自然色收尾	顶板：水曲柳复合材 架柱可移动：架柱外露 活动隔板：椴木LC t21, t30
已确认	F5	厨房	椴木LC t21 背板：椴木 LC t4左右	VATON/ 大谷涂 料, 自然色收尾	椴木 LC t21	VATON/ 大谷 涂料, 自然色收 尾	洗碗机面板也采用椴木 架柱可移动：架柱外露 活动隔板：椴木LC t21
已确认		冰箱上方	椴木LC t21	客户自行涂装	椴木 LC t21		活动隔板：椴木LC t21
已确认	F6	食品储藏室 (东侧)	椴木LC t21 背板：椴木 LC t4左右	客户自行涂装			架柱可移动：架柱外露 活动隔板：椴木LC t21
已确认		食品库(西) (外壁侧)	椴木LC t21 背板：椴木 LC t4左右	客户自行涂装			架柱可移动：架柱外露 活动隔板：椴木LC t21
已确认	F7	洗手台	椴木LC t21				顶板：瓷砖装饰
已确认		镜柜内和外门 涂装	椴木LC t21	VATON/ 大谷涂 料, 自然色收尾	椴木 LC t21 (附镜 子)	VATON/ 大谷涂 料, 自然色收尾	架柱可移动：架柱外露 活动隔板：椴木LC t21
已确认	F8	洗衣机上方活 动架	椴木LC t21	VATON/ 大谷涂 料, 自然色收尾			架柱可移动：架柱外露 活动隔板：椴木LC t21
已确认	F9	更衣室可移动 收纳架	椴木LC t21	VATON/ 大谷涂 料, 自然色收尾			架柱可移动：架柱外露 活动隔板：椴木LC t21
已确认	F10	卫生间洗手台	橡木复合材 t30 椴木LC t21	VATON/ 大谷涂 料, 自然色收尾	椴木LC t24左 右	VATON/ 大谷涂 料, 自然色收尾	顶板：橡木复合材t30 架柱可移动：架柱外露 活动隔板：椴木LC t21
已确认	F11	衣柜	椴木LC t21	VATON/ 大谷涂 料, 自然色收尾			晾衣竿 =Φ32左右 活动隔板：椴木LC t21
已确认		多功能室内 晾衣杆(壁挂 式)	多功能室内 晾衣竿(壁 挂式)	油漆涂装 GN-20 (黑色, 亚光)			
已确认		多功能室内 晾衣杆(固定 在梁上)	多功能室内 晾衣竿(固 定在梁上)	油漆涂装 GN-20 (黑色, 亚光)			

某住宅新建工程　　　　　　　家具工程　　　　　　　2015.11.15

业主自行涂装的确认事项（预计 12 月 16 日或 17 日）

上表中提到的家具（冰箱上方置物架、食品储藏室东侧、食品储藏室西侧、长凳）

楼梯

地板（地板材料）

涂装：VATON/ 大谷涂料，自然色收尾

采购工具和涂装的负责人

涂料配比见其他说明

涂装工程				2015.11.15
1	已确认	窗框	VATON/ 大谷涂料,自然色收尾	局部涂装 AW2、3 AW9、10,11 EP 涂料(擦拭) / G22–85B
2	已确认	木门框	VATON/ 大谷涂料,自然色收尾	局部涂装 更衣室、儿童房EP涂料(分涂) / G22–85B
3	已确认	踢脚线	VATON/ 大谷涂料,自然色收尾	
4	已确认	楼梯(1层到2层)	VATON/ 大谷涂料,自然色收尾	
5	已确认	楼梯扶手	油漆涂装GN–20（黑、无光泽）	
6	已确认	地板	VATON/ 大谷涂料,自然色收尾	
7	已确认	木制外墙	SIKKEN 护木涂料HLS/ 浮木色	涂两次 玄关周围，檐廊周围表面光滑，正面粗糙
8	已确认	檐廊柱	Xyladecor 涂料 / 银灰色	
9	已确认	檐廊	Xyladecor 涂料 / 白木色	涂两次，底面涂装
10	已确认	屋檐天花板(玄关、檐廊)	EP 涂料 / G22–85B	配合天花板交叉的颜色
11	已确认	防猫门	Xyladecor 涂料 / 白木色	涂两次，底面涂装
12	已确认	装饰柱、梁、矮柱	EP 涂料(擦拭) / G22–85B	多次擦拭，让颜色变淡

家具请参照"家具工程"确认表

瓷砖和壁板工程				2015.11.15
1	已确认	玄关地面	大村 / 地砖 300mm×300mm, 4613	接缝剂: INAMEJI G4N 黑色
2	已确认	玄关门廊	大村 / 地砖 300mm×300mm, 4613	接缝剂: INAMEJI G4N 黑色
3	已确认	厨房墙面	大村 / 地砖 300mm×300mm, 4613	接缝剂:超级清洁(厨房) 颜色:白色(接缝尽可能窄)
4	已确认	洗手台墙面	圣和陶瓷/ 地标性瓷砖50mm×50mm LM–1/50	接缝剂:超级清洁(厨房) 颜色:浅灰色 接缝剂:超级清洁厨房专用

内装工程				2015.11.15
1	已确认	墙面（硅藻泥）	ONE WILL／硅藻泥 自然色收尾	稻谷色(更衣室前室部分的天花板，卧室入口的门框上方)
2	已确认	墙面（交叉）	丽彩壁纸 LW-766	食品储藏室、更衣间、卫生间、衣柜(儿童房屏风墙换色)
3	已确认	儿童房屏风墙（交叉）	空调墙面(北侧、玄关)：LW781（深蓝色） 檐廊(南侧)：LW776（绿褐色）	
4	已确认	天花板	丽彩壁纸 LW-766	基本色(有底色，局部涂抹硅藻)
5	已确认	日式房间榻榻米	半叠榻榻米（无边） 大建榻榻米 t30 4张	目测／青草色16健康系列
6	已确认	地板（卫生间、更衣室）	缓冲地板 山月 PF-4581（黑色）	
7	已确认	地板	橡木地板UNI无涂装	橡木地板UNI无涂装

外装工程				2015.11.15
1	已确认	外墙	小波纹镀锌钢板／牡蛎白	
2	已确认	外墙	红雪松壁板	玄关周围 周围表面光滑，正面粗糙
3	已确认	屋顶	镀锌钢板，垂直固定／牡蛎白	
4	已确认	屋檐天花板	屋檐天花板EP涂料／G22-85B	配合天花板的颜色
5	已确认	滴水槽	镀锌钢板，半圆形 颜色／象牙白	
6	已确认	排水（镀锌钢材部分）／山墙装饰／檐边	镀锌钢板 颜色／牡蛎白	
7	已确认	排水（木材部分）	镀锌钢板 颜色／牡蛎白	
8	已确认	雨棚	颜色／银灰色	

外构工程				2015.11.15
1		停车场	涂刷灰泥，拉毛粉饰	
2		基础水泥桩	涂刷灰泥，拉毛粉饰	(查看现场情况再决定是否追加)

©2020 辽宁科学技术出版社

著作权合同登记号：第 06-2017-318 号。

图书在版编目（CIP）数据

年轻建筑师的职场必修课／（日）饭冢丰著；赖文波，张美琴译. —— 沈阳：辽宁科学技术出版社，2020.4（2020.7 重印）

ISBN 978-7-5591-1379-5

Ⅰ.①年… Ⅱ.①饭… ②赖… ③张… Ⅲ.①建筑师-职业技能 Ⅳ.① TU

中国版本图书馆 CIP 数据核字 (2019) 第 238460 号

出版发行：辽宁科学技术出版社
　　　　　（地址：沈阳市和平区十一纬路 25 号 邮编：110003）
印 刷 者：辽宁新华印务有限公司
经 销 者：各地新华书店
幅面尺寸：160mm×230mm
印　　张：17
字　　数：230 千字
出版时间：2020 年 4 月第 1 版
印刷时间：2020 年 7 月第 2 次印刷
责任编辑：韩欣桐
封面设计：郭芷夷
版式设计：郭芷夷
责任校对：周文

书　　号：ISBN 978-7-5591-1379-5
定　　价：59.00 元

联系电话：024-23284369
邮购热线：024-23284502
http://www.lnkj.com.cn